Im gleichen Verlage erschien:
Die forstlichen Verhältnisse Preußens.
Von
Otto von Hagen,
w. Oberlandforstmeister.

Dritte Auflage, bearbeitet nach amtlichem Material
von
K. Donner,
Oberlandforstmeister und Ministerialdirektor.

In zwei Bänden.
Preis M. 20,—; in 1 Leinwandband geb. M. 21,50; in 2 Leinwandbände geb. M. 22,50.

Amtliche Mitteilungen

aus der

Abteilung für Forsten

des

Königlich Preußischen Ministeriums für Landwirtschaft,
Domänen und Forsten.

1904.

Springer-Verlag Berlin Heidelberg GmbH 1906

ISBN 978-3-662-38645-3   ISBN 978-3-662-39501-1 (eBook)
DOI 10.1007/978-3-662-39501-1

Vorbemerkung.

Die Tabellen schließen sich an die in der dritten Auflage des Werkes

„von Hagen, die forstlichen Verhältnisse Preußens"

bearbeitet von Donner, veröffentlichten statistischen Tabellen und die weiteren amtlichen Mitteilungen an. Sie haben deshalb dieselben Zahlen erhalten wie die Tabellen dieses Werkes.

Inhalts-Verzeichnis.

Statistische Tabellen.

		Seite
7 b.	Übersicht über die Holz Ein= und Ausfuhr für das deutsche Zollgebiet, umfassend die Jahre 1900 bis 1904	2
8 b.	Übersicht über die durchschnittlichen Verwertungspreise für ein Festmeter Holz im Etatsjahre 1904	4
9 c.	Übersicht über die durchschnittlichen Verwertungspreise einzelner Holzarten im Etatsjahre 1904	6
11 b.	Zusammenstellung der im ganzen Staate ausgegebenen Jagdscheine im Etatsjahre 1904	10
18 b.	Zusammenstellung der in den Staatsforsten beim Forst= und Jagdschutze vorgekommenen Tötungen und Verwundungen während der Jahre 1900 bis 1904	10
19 b.	Übersicht der Forst=, Jagd= und Fischereifrevel in den Staatsforsten im Kalenderjahr 1904	11
20.	Nachweisung der in den Rechnungsjahren 1900 bis 1904 aufgekommenen Kapitalien für Veräußerung von Domänen= und Forstgrundstücken und für Ablösung von Domänen und Forstgefällen	12
27 a.	Summarische, nach alten und neuen Provinzen getrennte Übersicht über den Fortgang der Forstservitut= usw. Ablösungen in den Staatsforsten für die Jahre 1900 bis 1904	12
27 b.	Übersicht über den Fortgang der Forstservitut= usw. Ablösungen in den einzelnen Regierungsbezirken während des Jahres 1904	12
27 c.	Zusammenstellung der an die Provinzial=Rentenbanken gezahlten Amortisationsrenten für abgelöste Leistungen der Forstverwaltung an Kirchen, Pfarren, Küstereien, sonstige geistliche Institute, fromme und milde Stiftungen, Wohltätigkeitsanstalten usw. für die Etatsjahre 1901 bis 1904	13
33 a.	Nachweisung des jährlichen Bedarfes an Kiefernsamen in den Staatsforsten und der auf den Königlichen Darren gewonnenen Samenmengen für die Jahre 1900 bis 1904	13
34 a.	Übersicht über die Erträge aus der Jagd bei der Staatsforstverwaltung für das Etatsjahr 1904	14
37 c.	Übersicht des Holzmassenertrages der Staatsforsten der einzelnen Regierungsbezirke für das Wirtschaftsjahr 1. Oktober 1903/1904	16
38 b.	Übersicht des Materialertrages und des Sortimentsverhältnisses in den Staatsforsten für die Zeit vom 1. Oktober 1899 bis 1. Oktober 1904	18
42.	Zusammenstellung der in den Etatsjahren 1901 bis 1904 in den preußischen Staatsforsten verwerteten Eichenrinde	19
43 b.	Übersicht von dem Flächeninhalte der Staatsforsten und von den Erträgen für das Etatsjahr 1904	20
45 a.	Übersicht des Ertrages aus der Holznutzung in den einzelnen Regierungsbezirken für das Hektar der zur Holzzucht bestimmten Fläche für die Etatsjahre 1901 bis 1904	22

IV

		Seite
45 b.	Zusammenstellung der Einnahmen für Holz aus den Staatsforsten nach den einzelnen Bezirken im Etatsjahre 1904	23
46 b.	Haupt-Übersicht der Ist-Einnahmen und Ausgaben der Staatsforstverwaltung für das Etatsjahr 1904	24
46 c.	Übersicht über die Einnahmen und Ausgaben der Staatsforsten im Etatsjahre 1904	32
46 d.	Nachweisung der Reinerträge der Staatsforsten für das Etatsjahr 1904	34
47.	Vergleichung der Einnahmen und Ausgaben für größere Torfgräbereien der Staatsforstverwaltung während der Jahre 1901 bis 1904	36
49.	Übersicht über die auf 1 ha der nutzbaren Fläche entfallenden dauernden Ausgabebeträge der Staatsforstverwaltung für die Etatsjahre 1900 bis 1904	36
52 a.	Nachweisung der während des Jahres 1905 vorgekommenen erheblicheren Brände in den Staatswaldungen und der hierdurch vernichteten Holzbestände	36
54 b.	Vergleichung des Flächeninhalts, sowie des Holzeinschlags, der Einnahme, der Ausgabe und des Reinertrages in den Jahren 1900 bis 1904 mit den Ergebnissen des Jahres 1868, letztere gleich 100 gerechnet, für die Staatsforsten	37
56 b. c.	Nachweisung über die Zahl der Studierenden auf den Forstakademien zu Eberswalde und Münden für das Sommer-Halbjahr 1905 und Winter-Halbjahr 1905/06	37
58.	Übersicht über die verausgabten Kultur- und Kommunikationswegebaugelder für das Etatsjahr 1904	38
59.	Nachweisung der von der Staatsforstverwaltung beschäftigten Arbeiter, der gezahlten Löhne usw., sowie der Erkrankungen und Betriebsunfälle der Arbeiter im Etatsjahre 1904	42
60.	Nachweisung der aus dem Forstbaufonds zu unterhaltenden Gebäude nach dem Stande vom 30. September 1905	44

Statistische Tabellen.

Tabelle

Übersicht über die Holz-Ein- und Ausfuhr für das
Die stehenden Zahlen bezeichnen die

Jahr	Einfuhr in den freien Verkehr und Ausfuhr aus						
	Brennholz, Lohkuchen, Reisig, Reisigbesen usw.	Überschuß der Einfuhr über die Ausfuhr (Spalte 2)	Schleifholz und Holz zur Cellulosefabrikation	Überschuß der Einfuhr über die Ausfuhr (Spalte 4)	Holzkohlen	Überschuß der Einfuhr über die Ausfuhr (Spalte 6)	Holzborke und Gerberlohe
1.	2.	3.	4.	5.	6.	7.	8.
							Zollsätze nach den Reichsgesetzen vom
							für 100 kg 0,50 M.; bei den meistbegünstigten Staaten 0,00 M.
	frei		frei		frei		
1900	1 939 137	705 948	1 483 536	1 186 745	235 169	136 082	1 010 995
	1 233 189	.	*296 791*	.	*99 137*	.	*35 691*
1901	1 739 949	448 197	2 040 089	1 650 694	263 046	170 901	1 026 320
	1 291 752	.	*389 395*	.	*92 145*	.	*40 680*
1902	1 670 851	367 797	1 731 488	1 375 746	230 976	132 883	1 012 707
	1 303 054	.	*355 742*	.	*98 093*	.	*30 698*
1903	1 408 892	138 508	2 200 424	1 938 894	169 872	75 391	1 037 571
	1 270 384	.	*261 530*	.	*94 481*	.	*40 498*
1904	1 645 518	485 636	3 027 793	2 644 175	151 281	59 205	1 054 451
	1 159 882	.	*383 618*	.	*92 076*	.	*52 106*

Jahr	Einfuhr in den freien Verkehr und Ausfuhr aus						Bau- und	
	nach der Längsachse beschlagen		Holzmehl, Holzwolle	Faßdauben, ungefärbte, auch zu Dauben vorgearbeitete Hölzer (sog. Stäbe, Stabholz) nicht aus Eichenholz	Korbweiden und Reifenstäbe, ungeschält; Faschinen	Nutzholz von Buchsbaum, Kokos, Ebenholz, Mahagoni, roh usw.	gesägt; Kanthölzer und andere Säge- und Schnittwaren	
	hartes; Naben, Felgen, Speichen	weiches					hartes	weiches
17.	18.	19.	20.	21.	22.	23.	24.	
							Zollsätze nach den Reichsgesetzen vom	
	für 100 kg 0,40 M.; bei den meistbegünstigten Staaten 0,30 M.				für 100 kg 0,10 M.	für 100 kg 1 M.; bei den meistbegünstigten Staaten 0,80 M.		
1900	.	6 738 455	.	87 408	44 073	332 184	16 425 512	
	.	*141 312*	.	*38 717*	*11 114*	*10 293*	*1 299 952*	
1901	575 689	4 942 687	12 892	52 920	33 351	390 586	1 241 980	12 425 011
	25 449	*42 812*	*16 969*	*41 132*	*9 344*	*8 405*	*392 579*	*1 007 540*
1902	481 274	3 988 811	14 011	83 965	27 218	397 165	1 076 840	13 399 636
	48 645	*37 581*	*12 337*	*36 926*	*9 347*	*10 481*	*384 964*	*1 081 895*
1903	509 487	4 718 907	17 772	79 201	18 751	328 367	918 241	16 377 041
	42 636	*54 636*	*25 560*	*54 574*	*6 849*	*9 565*	*299 360*	*1 374 142*
1904	455 882	4 535 106	13 772	48 445	10 819	433 399	977 686	16 860 434
	68 990	*31 916*	*33 770*	*44 343*	*16 494*	*12 226*	*370 195*	*1 077 857*

7 b.

deutsche Zollgebiet für die Jahre 1900—1904.

Einfuhr, *die schrägen die Ausfuhr.*

demselben in Mengen von 100 Kilogramm netto

Überschuß der Einfuhr über die Ausfuhr (Spalte 8)	Quebrachoholz, zerkleinert	Überschuß der Ausfuhr über die Einfuhr (Spalte 10)	Bau- und Nutzholz			
			roh oder nur in der Querrichtung mit Axt oder Säge bearbeitet		Faßdauben, ungefärbte, auch zu Dauben vorgearbeitete Hölzer (sog. Stäbe, Stabholz) aus Eichenholz	roh usw. für im Grenzbezirk vorhandene Industrien, mit Zugtieren gefahren, direkt aus dem Walde bis zum 1. Juli 1901	roh usw. für den häuslichen oder handwerksmäßigen Bedarf von Bewohnern des Grenzbezirks, in Traglasten oder mit Zugtieren gefahren
			hartes	weiches			
9.	10.	11.	12.	13.	14.	15.	16.

15. Juli 1879 und 22. Mai 1885.

	für 100 kg 0,50 M.; bei den meistbegünstigten Staaten 0,00 M.		für 100 kg 0,20 M.			frei	frei
975 304	52 548	.	25 472 371		528 927	652 995	147 899
.	*127 207*	*74 659*	*1 826 102*		*29 358*		*in Spalte 12 u. 13 enthalten*
985 640	71 696	.	1 020 860	22 878 038	450 942	468 696	143 833
.	*126 612*	*54 916*	*316 994*	*1 233 477*	*21 569*		*in Spalte 12 u. 13 enthalten*
982 009	70 453	.	768 561	18 542 889	337 706	.	164 484
.	*125 380*	*54 927*	*273 794*	*1 488 623*	*23 036*	.	*in Spalte 12 u. 13 enthalten*
997 073	73 672	.	991 407	23 538 919	321 894	.	102 178
.	*108 656*	*34 984*	*314 016*	*1 508 230*	*17 674*	.	*in Spalte 12 u. 13 enthalten*
1 002 345	65 099	.	1 166 554	25 302 831	476 338	.	171 057
.	*123 875*	*58 776*	*250 907*	*1 297 575*	*23 054*	.	*in Spalte 12 u. 13 enthalten*

demselben in Mengen von 100 Kilogramm netto

Nutzholz			Insgesamt Bau- und Nutzholz (Spalten 12—27)	Überschuß der Einfuhr über die Ausfuhr (Spalte 28)	Überhaupt (Spalten 2, 4, 6, 8, 10 u. 28)	Überschuß der Einfuhr über die Ausfuhr (Spalte 30)	Nach dem Verhältnis der Einwohnerzahl des Preußischen Staates zu derjenigen des deutschen Zollgebietes treffen von dem Überschuß (Spalte 31) auf Preußen (in 100 kg)
Nutzholz von Buchsbaum, Kokos, Ebenholz, Mahagoni in der Richtung der Längsachse gesägt usw.	Zedernholz, geschnitten	Brüyère- (Erika-) Holz, roh oder in geschnittenen Stücken					
25.	26.	27.	28.	29.	30.	31.	32.

15. Juli 1879 und 22. Mai 1885.

für 100 kg 1 M.; bei den meistbegünstigten Staaten 0,80 M.	für 100 kg 0,25 M.	frei					
5 454	20 764	8 717	50 464 759	47 093 506	55 186 144	50 022 876	30 463 931
13 131	*1 207*	*67*	*3 371 253*	.	*5 163 268*	.	.
5 513	28 497	10 534	44 682 029	41 556 780	49 823 129	44 757 296	27 257 193
7 609	*1 333*	*37*	*3 125 249*	.	*5 065 833*	.	.
3 358	26 145	9 233	39 321 296	35 906 269	44 037 771	38 709 777	23 574 254
6 534	*780*	*84*	*3 415 027*	.	*5 327 994*	.	.
3 675	28 618	12 938	47 967 396	44 252 811	52 857 827	47 367 693	28 846 925
6 654	*638*	*51*	*3 714 585*	.	*5 490 134*	.	.
3 738	22 805	11 221	50 490 087	47 256 038	56 434 229	51 388 623	31 295 671
5 469	*1 122*	*131*	*3 234 049*	.	*5 045 606*	.	.

Tabelle
Übersicht über die durchschnittlichen Verwertungs=

Laufende Nummer	Regierungs- bezirk	Verwertete Holzmasse						im ganzen (Spalten 5 und 8)	Geldertrag			
		Bau- und Nutzholz einschl. Nutzrinde			Brennholz einschl. Brennrinde				Bau- und Nutzholz einschl. Nutzrinde			
		aus dem Bestande des Vorjahres	aus dem Einschlage des laufenden Jahres	Zusammen (Spalten 3 und 4)	aus dem Bestande des Vorjahres	aus dem Einschlage des laufenden Jahres	Zusammen (Spalten 6 und 7)		Für das in den Spalten 3 und 4 aufgeführte Holz soll zur Kasse gelangen	Zuverlust durch Freiholz-Abgaben	Zusammen (Spalten 10 und 11)	Verwertungspreis für 1 fm
		Festmeter							Mark			M. | Pf.
1.	2.	3.	4.	5.	6.	7.	8.	9.	10.	11.	12.	13.
1	Königsberg	845	421 331	422 176	20 596	442 536	463 132	885 308	5 445 485	4 978	5 450 463	12 | 91
2	Gumbinnen	159	337 030	337 189	6 357	432 448	438 805	775 994	4 198 453	6 636	4 205 089	12 | 47
3	Danzig	294	161 978	162 272	.	167 626	167 626	329 898	2 120 273	930	2 121 203	13 | 07
4	Marienwerder	15	481 198	481 213	110	390 665	390 775	871 988	6 739 885	1 137	6 741 022	14 | 01
5	Potsdam	77	435 037	435 114	25	350 626	350 651	785 765	6 549 459	1 568	6 551 027	15 | 06
6	Frankfurt a. O.	4	480 613	480 617	93	264 643	264 736	745 353	7 158 950	490	7 159 440	14 | 90
7	Stettin	.	263 251	263 251	.	214 671	214 671	477 922	3 635 044	565	3 635 609	13 | 81
8	Köslin	.	83 017	83 017	4	135 619	135 623	218 640	1 165 288	319	1 165 607	14 | 04
9	Stralsund	3	45 473	45 476	1	59 854	59 855	105 331	531 857	4 565	536 422	11 | 80
10	Posen[1])	1	173 276	173 277	958	146 980	147 938	321 215	2 055 030	285	2 055 315	11 | 86
11	Bromberg	2	217 266	217 268	.	191 666	191 666	408 934	2 814 640	684	2 815 324	12 | 96
12	Breslau	1	242 343	242 344	1 217	144 176	145 393	387 737	3 200 850	1 234	3 202 084	13 | 21
13	Liegnitz	.	76 101	76 101	.	31 414	31 414	107 515	996 307	67	996 374	13 | 09
14	Oppeln	.	468 416	468 416	3 212	120 540	123 752	592 168	4 076 818	1 299	4 078 117	8 | 71
15	Magdeburg	.	783 110	783 110	88	138 091	138 179	921 289	8 688 982	455	8 689 437	11 | 10
16	Merseburg	.	250 739	250 739	.	159 063	159 063	409 802	3 631 703	185	3 631 888	14 | 48
17	Erfurt	.	121 802	121 802	.	109 536	109 536	231 338	2 001 822	675	2 002 497	16 | 44
18	Schleswig	43	62 982	63 025	163	117 021	117 184	180 209	773 921	636	774 557	12 | 29
19	Hannover	24	65 064	65 088	6	67 658	67 664	132 752	859 566	1 916	861 482	13 | 24
20	Hildesheim	.	307 427	307 427	8 344	274 561	282 905	590 332	4 872 762	564	4 873 326	15 | 85
21	Lüneburg	218	154 359	154 577	256	109 339	109 595	264 172	1 952 349	1 563	1 953 912	12 | 64
22	Stade	.	39 513	39 513	1	24 590	24 591	64 104	451 093	457	451 550	11 | 43
23	Osnabrück (mit Aurich)	.	22 486	22 486	.	15 417	15 417	37 903	282 466	.	282 466	12 | 56
24	Minden (mit Münster)	.	103 569	103 569	.	127 464	127 464	231 033	1 396 355	1 546	1 397 901	13 | 50
25	Arnsberg	.	46 557	46 557	.	49 152	49 152	95 709	691 687	139	691 826	14 | 86
26	Cassel	2	200 791	200 793	1	543 303	543 304	744 097	2 941 798	707	2 942 505	14 | 65
27	Wiesbaden	.	48 179	48 179	.	184 681	184 681	232 860	748 825	548	749 373	15 | 55
28	Coblenz	.	50 421	50 421	.	80 779	80 779	131 200	667 156	247	667 403	13 | 24
29	Düsseldorf	.	52 240	52 240	.	41 722	41 722	93 962	770 343	1 581	771 924	14 | 78
30	Cöln	.	29 925	29 925	.	22 024	22 024	51 949	424 271	502	424 773	14 | 19
31	Trier	1	96 159	96 160	8	150 170	150 178	246 338	1 528 427	528	1 528 955	15 | 90
32	Aachen	.	75 770	75 770	.	50 575	50 575	126 345	1 071 889	533	1 072 422	14 | 15
	Summe	1689	6 397 423	6 399 112	41 440	5 358 610	5 400 050	11 799 162	84 443 754	37 539	84 481 293	13 | 20

[1]) Ausschl. Warthewald.

8 b.
preise für 1 Festmeter Holz im Etatsjahre 1904.

für Holz	Brennholz einschl. Brennrinde				im ganzen (Spalten 12 und 16)		Verwertungspreis für 1 fm (Bau-, Nutz- und Brennholz zusammen) 18 : 9		Von der Holzmasse in Spalte 9 sind verwertet als		Die Holzwerbungskosten im ganzen betragen	Es beträgt sonach der Verwertungspreis für 1 fm Derbholz einschl. des Erlöses des entfallenen Stock- und Reisigholzes				Regierungsbezirk
Für das in den Spalten 6 und 7 aufgeführte Holz soll zur Kasse gelangen	Tarverlust durch Freiholz-Abgaben	Zusammen (Spalten 14 und 15)	Verwertungspreis für 1 fm						Derbholz	Nichtderbholz		einschl. (18 : 20)		ausschl. [(18–22) : 20]		
Mark			M.	Pf.	Mark		M.	Pf.	fm	fm	Mark	M.	Pf.	M.	Pf.	
14.	15.	16.	17.		18.		19.		20.	21.	22.	23.		24.		
1 470 595	218 688	1 689 283	3	65	7 139 746		8	06	757 396	127 912	799 210	9	43	8	37	Königsberg.
1 317 760	213 483	1 531 243	3	49	5 736 332		7	39	651 944	124 050	913 541	8	80	7	40	Gumbinnen.
538 209	90 514	628 723	3	75	2 749 926		8	34	267 270	62 628	287 815	10	29	9	21	Danzig.
1 321 793	175 090	1 496 883	3	83	8 237 905		9	45	692 458	179 530	629 580	11	90	10	99	Marienwerder.
1 888 764	68 278	1 957 042	5	58	8 508 069		10	83	685 776	99 989	876 042	12	41	11	13	Potsdam.
1 082 155	52 971	1 135 126	4	29	8 294 566		11	13	646 115	99 238	690 125	12	84	11	77	Frankfurt a. O.
959 317	38 903	998 220	4	65	4 633 829		9	70	436 963	40 959	441 247	10	60	9	59	Stettin.
526 307	12 503	538 810	3	97	1 704 417		7	80	176 142	42 498	176 353	9	68	8	68	Köslin.
271 089	10 432	281 521	4	70	817 943		7	77	83 044	22 287	164 784	9	85	7	87	Stralsund.
586 099	21 812	607 911	4	11	2 663 226		8	29	237 430	83 785	364 235	11	22	9	68	Posen.
720 382	31 572	751 954	3	92	3 567 278		8	72	311 751	97 183	270 101	11	44	10	58	Bromberg.
671 820	24 991	696 811	4	79	3 898 895		10	06	342 719	45 018	460 652	11	38	10	03	Breslau.
132 650	9 567	142 217	4	53	1 138 591		10	59	93 222	14 293	127 383	12	21	10	85	Liegnitz.
406 692	32 077	438 769	3	55	4 516 886		7	63	546 856	45 312	788 207	8	26	6	82	Oppeln.
559 276	23 774	583 050	4	22	9 272 487		10	06	860 091	61 198	869 311	10	78	9	77	Magdeburg.
768 026	19 994	788 020	4	95	4 419 908		10	79	357 121	52 681	408 850	12	38	11	23	Merseburg.
663 804	16 535	680 339	6	21	2 682 836		11	60	188 093	43 245	343 072	14	26	12	44	Erfurt.
587 126	13 771	600 897	5	13	1 375 454		7	63	135 337	44 872	274 131	10	16	8	14	Schleswig.
311 237	9 524	320 761	4	74	1 182 243		8	91	104 978	27 774	183 490	11	26	9	51	Hannover.
1 085 726	251 784	1 337 510	4	73	6 210 836		10	52	499 272	91 060	1 058 244	12	44	10	32	Hildesheim.
511 946	22 483	534 429	4	88	2 488 341		9	42	210 154	54 018	371 528	11	84	10	07	Lüneburg.
98 974	3 994	102 968	4	19	554 518		8	65	53 490	10 614	79 774	10	37	8	88	Stade.
53 561	2 014	55 575	3	60	338 041		8	92	29 738	8 165	48 833	11	37	9	73	Osnabrück (mit Aurich).
462 082	38 097	500 179	3	92	1 898 080		8	22	186 961	44 072	278 887	10	15	8	66	Mind. (m. Münst.).
214 306	3 476	217 782	4	43	909 608		9	50	82 900	12 809	116 652	10	97	9	57	Arnsberg.
2 164 169	395 084	2 559 253	4	71	5 501 758		7	39	489 323	245 774	920 178	11	04	9	19	Cassel.
1 122 357	36 319	1 158 676	6	27	1 908 049		8	19	169 325	63 535	378 827	11	27	9	03	Wiesbaden.
435 579	6 635	442 214	5	47	1 109 617		8	46	100 065	31 135	191 186	11	09	9	18	Coblenz.
139 477	3 115	142 592	3	42	914 516		9	73	60 248	33 714	111 034	15	18	13	34	Düsseldorf.
81 578	990	82 568	3	75	507 341		9	77	39 839	12 110	85 258	12	73	10	59	Cöln.
1 057 775	10 856	1 068 631	7	12	2 597 586		10	55	205 870	40 468	422 884	12	62	10	56	Trier.
147 516	878	148 394	2	93	1 220 816		9	66	104 428	21 917	157 382	11	69	10	18	Aachen.
22 358 147	1 860 204	24 218 351	4	48	108 699 644		9	21	9 815 319	1 983 843	13 288 796	11	07	9	72	

Tabelle
Übersicht über die durchschnittlichen Verwertungs-

Laufende Nummer	Regierungsbezirk	Laubholz. Bau- und Nutzholz in								
		Eichen						Buchen (Eschen, Rüstern,		
		Klasse III (von 40 bis 49 cm Mittenburchmesser)			Klasse IV (von 30 bis 39 cm Mittenburchmesser)			Klasse III (von 40 bis 49 cm Mittenburchmesser)		
		Es sind verwertet fm | dec	Erzielter Erlös im ganzen Mark | Pf.	Erzielter Erlös für 1 fm M. | Pf.	Es sind verwertet fm | dec	Erzielter Erlös im ganzen Mark | Pf.	Erzielter Erlös für 1 fm M. | Pf.	Es sind verwertet fm | dec	Erzielter Erlös im ganzen Mark | Pf.	Erzielter Erlös für 1 fm M. | Pf.
1.	2.	3.	4.	5.	6.	7.	8.	9.	10.	11.
1	Königsberg	2 028 | 42	43 828 | 48	21 | 59	1 845 | 13	30 604 | 90	19 | 78	534 | 63	8 683 | 34	16 | 24
2	Gumbinnen	1 283 | 53	29 299 | 80	22 | 83	917 | 13	18 372 | 90	20 | 03	88 | 36	1 543 | 27	17 | 45
3	Danzig	879 | 46	15 359 | 96	17 | 47	1 777 | 57	27 912 | 56	15 | 70	263 | 06	2 446 | 21	9 | 30
4	Marienwerder	708 | 98	16 131 | 92	22 | 75	1 149 | 07	22 391 | 26	19 | 49	136 | 04	1 716 | 30	12 | 62
5	Potsdam	839 | 56	30 659 | 09	36 | 52	814 | 17	18 779 | 26	23 | 06	385 | 25	6 185 | 38	16 | 06
6	Frankfurt a. O.	1 710 | 04	76 656 | 80	44 | 83	1 144 | 85	31 605 | 04	27 | 61	416 | 44	5 581 | 20	13 | 40
7	Stettin	1 904 | 72	53 110 | 67	27 | 88	1 464 | 08	31 108 | 34	21 | 25	1 084 | 82	18 667 | 09	17 | 21
8	Köslin	906 | 77	20 146 | 15	22 | 22	1 371 | 07	26 716 | 65	19 | 49	436 | 83	3 956 | 35	9 | 06
9	Stralsund	472 | 65	16 460 | 37	34 | 83	746 | 14	20 016 | 99	26 | 83	795 | 18	10 814 | 70	13 | 60
10	Posen	689 | 93	17 940 | 25	26 | .	707 | 67	14 422 | 53	20 | 38	146 | 84	2 420 | 75	16 | 49
11	Bromberg	945 | 21	22 214 | 59	23 | 50	1 068 | 43	20 506 | 90	19 | 19	8 | 07	139 | 50	17 | 29
12	Breslau	1 640 | 30	61 505 | 32	37 | 50	1 254 | 33	30 885 | 73	24 | 62	719 | 54	13 710 | 89	19 | 05
13	Liegnitz	325 | 79	11 121 | 22	34 | 14	342 | 66	7 101 | 68	20 | 73	59 | 42	1 395 | 41	23 | 48
14	Oppeln	430 | 31	18 035 | 50	41 | 91	620 | 19	17 850 | .	28 | 78	41 | 90	569 | .	13 | 58
15	Magdeburg	1 728 | 38	32 392 | 10	18 | 74	939 | 51	12 567 | 50	13 | 38	1 726 | 48	30 644 | 95	17 | 75
16	Merseburg	2 551 | 19	86 457 | 02	33 | 89	2 037 | 04	44 992 | 70	22 | 09	2 047 | 69	44 093 | 20	21 | 53
17	Erfurt	55 | 38	1 903 | .	34 | 36	54 | 58	1 139 | 80	20 | 88	1 693 | 11	38 081 | 11	22 | 49
18	Schleswig	1 964 | .	44 112 | 20	22 | 46	2 706 | 45	44 180 | 02	16 | 32	3 043 | 72	43 725 | 40	14 | 37
19	Hannover	1 219 | 17	39 555 | .	32 | 44	1 287 | 86	26 776 | 16	20 | 45	3 448 | 74	67 322 | 65	19 | 52
20	Hildesheim	628 | 33	19 401 | 78	30 | 88	3 607 | 01	59 386 | 79	16 | 46	5 139 | 14	99 291 | 83	19 | 32
21	Lüneburg	1 467 | 92	41 288 | 96	28 | 13	1 877 | 77	34 908 | 41	18 | 59	981 | 79	16 640 | 15	16 | 95
22	Stade	487 | 21	15 091 | 45	30 | 98	1 155 | 28	23 856 | 29	20 | 65	202 | 94	3 004 | 50	14 | 80
23	Osnabrück (mit Aurich)	234 | 83	9 594 | 31	40 | 86	194 | 48	4 692 | .	24 | 13	159 | 50	2 663 | 50	14 | 70
24	Minden (mit Münster)	2 121 | 18	58 207 | 85	27 | 44	1 732 | 34	39 156 | 37	22 | 60	6 527 | 71	85 327 | 44	13 | 07
25	Arnsberg	289 | 30	9 663 | 70	33 | 41	201 | 60	7 219 | 70	35 | 81	197 | 99	3 081 | 50	15 | 56
26	Cassel	5 710 | 24	194 151 | 88	34 | .	6 189 | 96	159 478 | 33	25 | 76	4 198 | 98	72 410 | 41	17 | 24
27	Wiesbaden	436 | 78	15 889 | 74	36 | 38	736 | 35	15 267 | 02	20 | 73	1 024 | 62	15 864 | 24	15 | 48
28	Coblenz	981 | 61	23 845 | 59	23 | 27	3 222 | 21	47 833 | 89	14 | 85	1 539 | 91	19 836 | .	12 | 88
29	Düsseldorf	1 098 | 91	42 389 | 26	38 | 57	789 | 75	23 972 | 57	30 | 35	476 | 26	10 429 | 54	21 | 90
30	Cöln	77 | 53	3 358 | .	43 | 31	170 | 94	4 059 | 50	23 | 75	178 | 12	3 219 | 65	18 | 08
31	Trier	2 391 | 21	88 139 | 68	36 | 86	4 215 | 68	102 059 | 74	24 | 21	5 205 | 84	81 842 | 79	15 | 72
32	Aachen	. | .	. | .	. | .	2 343 | 30	49 199 | 51	21 | .	. | .	. | .	. | .
	Summe	38 208 | 84	1 157 911 | 64	30 | 30	48 684 | 60	1 019 021 | 04	20 | 93	42 908 | 92	715 308 | 25	16 | 67

Bemerkungen. Zu Spalte 1—17. Die Angaben umfassen fast durchgehends die der bisherigen Tagklasse III (1—2 fm) und der bisherigen IV. Klasse 51—1 fm). Vereinzelt mußten die Angaben anderer entsprechender Klassen zugrunde gelegt werden.

9 c.
Preise einzelner Holzarten im Etatsjahre 1904.

Rundhölzern der Klasse A.									Nadelholz. Bau- und Nutzholz in gewöhnlichen Rundhölzern					
Ahorn usw.)				Weiches Laubholz einschl. Birken					Fichten					
Klasse IV (von 30 bis 39 cm Mittenburchmesser)				Klasse IV (von 30 bis 39 cm Mittenburchmesser)					Klasse II (von über 1 bis einschl. 2 Festmeter)					Regierungsbezirk
Es sind verwertet		Erzielter Erlös		Es sind verwertet		Erzielter Erlös			Es sind verwertet		Erzielter Erlös			
		im ganzen	für 1 fm			im ganzen		für 1 fm			im ganzen		für 1 fm	
fm	dec	Mark	Pf.	M.	Pf.	fm	dec	Mark	Pf.	M.	Pf.	fm	dec	Mark	Pf.	M.	Pf.	

fm	dec	Mark	Pf.	M.	Pf.	fm	dec	Mark	Pf.	M.	Pf.	fm	dec	Mark	Pf.	M.	Pf.	Regierungsbezirk
12.		13.		14.		15.		16.		17.		18.		19.		20.		
1 155	13	16 514	54	14	21	1 930	01	16 989	03	8	80	9 670	52	98 774	74	10	21	Königsberg.
249	62	4 164	71	16	69	1 698	95	11 852	55	6	98	6 954	21	80 608	38	11	59	Gumbinnen.
979	39	8 770	38	8	95	356	53	3 178	74	8	92	86	76	996	50	11	49	Danzig.
136	69	2 000	80	14	64	549	88	5 283	72	9	69	9	42	96	50	10	24	Marienwerder.
497	15	6 999	05	14	07	511	03	6 392	30	12	51	1	70	34	.	20	.	Potsdam.
719	73	9 017	52	12	53	421	57	5 218	68	16	23	285	64	5 501	90	19	28	Frankfurt a. O.
394	53	5 989	20	15	18	135	69	1 556	65	11	47	3	08	43	30	14	06	Stettin.
888	89	7 701	85	8	66	411	76	3 263	26	7	93	27	48	366	10	13	32	Köslin.
1 594	60	19 848	79	12	45	26	64	290	41	10	90	.	.	.	.	.	.	Stralsund.
143	69	2 007	57	13	97	155	46	1 719	50	11	06	17	22	303	.	17	60	Posen.
4	99	94	40	18	92	354	87	4 408	50	12	42	1	13	17	50	15	49	Bromberg.
1 370	45	21 799	78	15	91	1 613	74	22 711	95	14	07	11 198	81	163 924	70	14	64	Breslau.
159	68	2 998	88	18	78	84	15	1 327	07	15	77	2 646	17	44 509	31	16	82	Liegnitz.
160	27	1 466	50	9	15	318	52	1 946	.	6	11	19 004	90	297 945	47	15	67	Oppeln.
951	96	13 619	13	14	31	240	56	2 625	70	10	91	219	47	4 024	50	18	34	Magdeburg.
2 585	59	48 041	43	18	58	309	40	5 345	96	17	28	2 790	03	52 918	60	18	97	Merseburg.
2 324	04	39 171	96	16	86	92	31	1 272	60	13	79	8 354	29	181 771	82	21	76	Erfurt.
2 784	16	40 596	20	14	58	270	63	4 195	80	15	50	513	06	7 021	69	13	69	Schleswig.
3 978	57	56 771	46	14	27	103	19	1 558	26	15	10	418	04	7 524	60	17	99	Hannover.
10 321	04	141 824	52	13	74	426	89	4 188	46	9	81	33 938	60	789 665	63	23	27	Hildesheim.
1 586	76	22 038	63	13	89	255	29	3 229	50	12	65	6 354	86	109 819	55	17	28	Lüneburg.
345	15	4 519	86	13	09	13	10	110	70	8	45	400	54	7 915	10	19	76	Stade.
752	27	8 293	.	11	02	26	10	346	90	13	29	296	90	5 268	20	17	74	Osnabrück (mit Aurich).
8 094	02	97 185	49	12	01	101	33	1 125	20	11	10	3 168	57	62 905	30	19	85	Minden (mit Münster).
502	38	6 050	62	12	04	.	.	.	.	.	.	1 557	19	33 487	41	21	51	Arnsberg.
5 587	56	82 966	90	14	85	329	11	3 819	05	11	60	3 407	95	71 347	50	20	94	Cassel.
1 062	88	13 602	85	12	80	37	42	415	10	11	09	1 757	29	36 131	30	25	06	Wiesbaden.
2 546	04	24 817	47	9	75	34	84	227	70	6	54	1 420	13	25 819	92	18	18	Coblenz.
378	69	7 412	50	19	57	73	62	915	90	12	44	.	.	.	.	.	.	Düsseldorf.
71	26	1 227	55	17	23	8	96	67	.	7	48	60	31	1 182	50	19	61	Cöln.
4 478	63	60 943	12	13	61	46	41	641	04	13	81	633	75	11 488	43	18	13	Trier.
4 360	38	51 202	50	11	74	43	01	429	20	9	98	3 287	49	66 386	51	20	19	Aachen.
61 166	19	829 659	16	13	56	10 980	97	116 652	43	10	62	118 485	51	2 167 799	96	18	30	

Zu Spalte 18—29. Die Angaben umfassen z. T. die bisherigen Klassen derart, daß die jetzige Klasse II den früheren Klassen I—III und die jetzige Klasse III der früheren Klasse IV entspricht. Auch hier mußten z. T. andere entsprechende Klassen zum Ansatz gelangen.

Zu Tabelle

Laufende Nummer	Regierungsbezirk	Nadelholz. Bau- und Nutzholz in gewöhnlichen Rundhölzern									
		Fichten			Kiefern						
		Klasse III (von über 0,5 bis einschl. 1 Festmeter)			Klasse II (von über 1 bis einschl. 2 Festmeter)			Klasse III (von über 0,5 bis einschl. 1 Festmeter)			
		Es sind verwertet		Erzielter Erlös		Es sind verwertet		Erzielter Erlös		Es sind verwertet		Erzielter Erlös	
				im ganzen	für 1 fm			im ganzen	für 1 fm			im ganzen	für 1 fm
		fm	dec	Mark	Pf.	M.	Pf.	fm	dec	Mark	Pf.	M.	Pf.	fm	dec	Mark	Pf.	M.	Pf.
		21.		22.		23.	24.		25.		26.	27.		28.		29.
1	Königsberg	14 410	96	126 673	78	8	79	48 926	01	762 009	37	15	60	34 953	28	406 377	17	11	62
2	Gumbinnen	16 052	70	161 679	78	10	07	25 170	18	438 273	47	17	41	35 198	58	498 570	56	14	16
3	Danzig	164	06	1 624	.	9	90	26 886	68	448 648	52	16	69	23 528	30	308 985	97	13	14
4	Marienwerder ...	16	78	175	90	10	48	77 486	93	1 358 826	05	17	54	79 760	70	1 084 753	82	13	60
5	Potsdam	2	52	31	60	12	54	74 240	63	1 482 561	36	18	20	71 340	07	1 007 186	41	14	12
6	Frankfurt a. O. ..	614	77	9 382	20	15	26	25 723	09	561 698	87	21	84	30 883	19	457 706	75	14	82
7	Stettin	13	83	161	30	11	66	27 455	36	539 403	.	19	65	22 892	09	342 933	51	14	98
8	Köslin	84	89	976	60	11	50	13 547	50	214 977	03	15	87	9 823	94	131 612	57	13	40
9	Stralsund	.	.	.	.	.	.	1 888	57	29 209	61	15	46	2 881	92	37 468	17	13	.
10	Posen	16	02	219	60	13	71	21 962	56	453 659	95	20	66	25 936	98	413 376	57	15	94
11	Bromberg	1	81	15	40	8	51	28 908	93	481 162	21	16	64	40 080	76	519 894	51	12	97
12	Breslau	18 204	71	213 423	30	11	72	12 060	68	254 314	96	21	09	17 121	34	273 976	18	16	.
13	Liegnitz	5 417	84	79 369	77	14	65	2 610	03	52 879	40	20	26	4 394	02	66 149	10	15	05
14	Oppeln	40 453	91	696 632	07	9	80	14 223	41	296 989	14	20	88	31 431	88	443 585	06	14	11
15	Magdeburg	297	69	4 500	.	15	12	65 807	83	911 032	95	13	84	112 955	32	1 346 311	75	11	92
16	Merseburg	2 266	03	39 526	40	17	44	22 145	91	484 276	55	21	87	33 640	28	558 936	56	16	62
17	Erfurt	11 059	98	218 591	98	19	76	6	77	139	50	20	61	256	22	3 990	18	15	57
18	Schleswig	1 576	49	16 633	94	10	55	614	05	10 088	42	16	43	1 563	67	20 527	58	13	13
19	Hannover	2 154	33	35 405	80	16	43	906	66	18 659	93	20	58	2 791	28	46 962	30	16	82
20	Hildesheim ...	49 047	61	971 994	80	19	82	116	48	1 936	13	16	62	332	97	4 156	40	12	48
21	Lüneburg	7 023	53	104 817	11	14	92	5 588	33	110 521	76	19	78	11 068	58	163 102	58	14	74
22	Stade	1 308	09	19 495	57	14	90	237	.	4 643	20	19	59	2 643	97	39 129	40	14	80
23	Osnabrück (mit Aurich)	610	71	8 417	70	13	78	338	55	5 558	93	16	42	1 822	68	24 636	59	13	52
24	Minden (mit Münster)	5 709	06	101 255	35	17	74	396	24	6 471	01	16	33	1 450	49	17 990	18	12	40
25	Arnsberg	3 884	07	73 535	57	18	93	237	27	3 652	31	15	39	424	54	5 773	44	13	60
26	Cassel	7 477	21	141 262	73	18	89	3 148	76	67 911	83	21	25	13 588	30	218 344	44	16	07
27	Wiesbaden	3 475	89	64 882	12	18	67	468	92	10 067	41	21	47	1 421	23	24 524	87	17	26
28	Coblenz	3 272	15	53 806	42	16	44	252	50	4 205	66	16	66	595	63	7 786	70	13	07
29	Düsseldorf	.	.	.	.	.	.	527	99	8 338	88	15	79	1 125	56	16 377	20	14	55
30	Cöln	153	32	2 377	.	15	50	.	.	.	.	.	.	.	.	.	.	.	.
31	Trier	2 381	77	37 391	21	15	70	536	35	11 064	20	20	63	1 473	66	21 431	93	14	54
32	Aachen	8 933	27	146 147	31	16	36	318	44	5 295	40	16	63	1 820	99	24 469	59	13	44
	Summe	206 086	00	3 330 406	31	16	16	502 738	61	9 038 477	01	17	98	619 197	37	8 537 028	04	13	79

9 c.

Brennholz.						Rinde.			
Buchen (Eschen, Rüstern, Ahorn usw.)			Kiefern			Eichen. Spiegelrinde (ausschließlich der Werbungskosten)			
Kloben						Es sind verwertet in Mengen von 50 kg	Erzielter Erlös		Regierungsbezirk
Es sind verwertet	Erzielter Erlös		Es sind verwertet	Erzielter Erlös			im ganzen	für 50 kg	
	im ganzen	für 1 rm		im ganzen	für 1 rm				
rm | dec	Mark | Pf.	M. | Pf.	rm | dec	Mark | Pf.	M. | Pf.	dec	Mark | Pf.	M. | Pf.	
30.	31.	32.	33.	34.	35.	36.	37.	38.	
21 612 | 65	69 101 | 30	3 | 19	51 319 | 52	177 157 | 31	3 | 45	. | .	. | .	. | .	Königsberg.
3 902 | 05	12 392 | 50	3 | 12	54 207 | 33	161 904 | 59	2 | 99	. | .	. | .	. | .	Gumbinnen.
21 138 | 80	80 461 | 53	3 | 81	39 259 | 40	146 882 | 96	3 | 74	22 | 50	20 | .	. | 89	Danzig.
5 752 | .	26 304 | 30	4 | 57	117 610 | 10	466 415 | 28	3 | 97	. | .	. | .	. | .	Marienwerder.
25 234 | 55	122 297 | 20	4 | 85	129 771 | 85	709 226 | 58	5 | 47	. | .	. | .	. | .	Potsdam.
12 400 | .	50 855 | .	4 | 10	50 804 | 73	224 565 | 17	4 | 42	. | .	. | .	. | .	Frankfurt a. O.
37 404 | .	172 560 | 50	4 | 81	62 607 | 10	242 449 | 81	3 | 87	. | .	. | .	. | .	Stettin.
29 621 | .	123 238 | 70	4 | 30	20 465 | 10	65 745 | 80	3 | 21	. | .	. | .	. | .	Köslin.
14 282 | 80	70 961 | 30	4 | 97	4 868 | .	18 881 | 40	3 | 88	. | .	. | .	. | .	Stralsund.
1 801 | .	8 373 | 85	4 | 65	39 666 | .	167 125 | 35	4 | 21	1 164 | 80	1 274 | .	1 | 09	Posen.
303 | .	1 545 | .	5 | 10	59 422 | 90	279 059 | 44	4 | 70	. | .	. | .	. | .	Bromberg.
9 879 | 50	37 187 | 90	3 | 76	34 179 | 85	145 240 | 10	4 | 25	. | .	. | .	. | .	Breslau.
1 631 | .	7 070 | 50	4 | 33	6 363 | .	29 098 | 87	4 | 57	. | .	. | .	. | .	Liegnitz.
724 | 90	2 456 | 30	3 | 39	18 042 | 11	64 499 | 57	3 | 57	. | .	. | .	. | .	Oppeln.
13 960 | 40	73 370 | 15	5 | 30	16 671 | 50	69 983 | 20	4 | 20	279 | 30	782 | 10	2 | 80	Magdeburg.
14 006 | 10	75 351 | 40	5 | 38	52 693 | .	250 308 | 80	4 | 75	. | .	. | .	. | .	Merseburg.
37 289 | .	256 165 | 18	6 | 87	287 | .	1 529 | 83	5 | 33	. | .	. | .	. | .	Erfurt.
51 597 | 30	316 423 | 30	6 | 13	3 098 | .	13 434 | 70	4 | 34	. | .	. | .	. | .	Schleswig.
20 180 | 10	107 262 | 70	5 | 31	1 419 | 48	5 826 | 52	4 | 10	680 | 44	476 | 32	. | 70	Hannover.
94 817 | 40	443 125 | 64	4 | 67	467 | 40	1 466 | 90	3 | 14	. | .	. | .	. | .	Hildesheim.
15 284 | .	100 437 | 70	6 | 57	4 247 | .	18 871 | 80	4 | 44	. | .	. | .	. | .	Lüneburg.
5 484 | .	34 838 | 90	6 | 35	1 502 | .	5 690 | .	3 | 79	. | .	. | .	. | .	Stade.
2 431 | 50	12 532 | 70	5 | 11	699 | 10	2 166 | 80	3 | 10	. | .	. | .	. | .	Osnabrück (mit Aurich).
44 007 | 20	163 741 | 10	3 | 72	1 069 | 80	3 160 | 10	2 | 95	. | .	. | .	. | .	Minden (mit Münster).
23 331 | 10	93 347 | 66	4 | 01	6 | .	11 | .	1 | 83	. | .	. | .	. | .	Arnsberg.
100 368 | 20	624 416 | 89	6 | 22	6 663 | 65	30 262 | 50	4 | 54	6 381 | 58	15 309 | 86	2 | 40	Cassel.
84 970 | 90	550 425 | 90	6 | 58	1 014 | .	4 651 | 80	4 | 59	1 671 | 89	3 910 | 06	2 | 34	Wiesbaden.
36 342 | 70	212 288 | .	5 | 84	396 | .	1 629 | 60	4 | 12	1 375 | .	1 611 | 60	1 | 17	Coblenz.
4 522 | .	26 613 | 70	5 | 89	3 251 | .	15 512 | 50	4 | 77	559 | 15	570 | 33	1 | 02	Düsseldorf.
4 985 | .	21 148 | 90	4 | 24	409 | .	1 993 | 50	4 | 87	. | .	. | .	. | .	Cöln.
80 173 | 50	522 005 | 75	6 | 51	627 | .	2 988 | 30	4 | 77	355 | 29	1 229 | 88	3 | 46	Trier.
21 078 | 10	61 760 | 07	2 | 93	189 | .	451 | 61	2 | 39	459 | .	303 | 10	. | 66	Aachen.
840 515 | 75	4 484 061 | 52	5 | 33	783 296 | 92	3 328 191 | 69	4 | 25	12 948 | 95	25 487 | 25	1 | 97	

Tabelle 11 b.
Zusammenstellung der im ganzen Staate ausgegebenen Jagdscheine für das Etatsjahr 1904.

Lfd. Nr.	Provinz	Jahres- Jagdscheine	Tages- Jagdscheine	Ausländer Jahres-	Ausländer Tages-	Doppel-Ausfertigungen	unentgeltliche	Zusammen Jahres- und unentgeltliche	Zusammen Tages-	Lfd. Nr.
1.	2.	3.	4.	5.	6.	7.	8.	9.	10.	11.
1	Ostpreußen	9 359	997	4	4	86	1 329	10 692	1 001	1
2	Westpreußen	6 359	614	.	.	67	1 129	7 488	614	2
3	Brandenburg	17 531	2 121	9	14	144	2 199	19 789	2 135	3
4	Pommern	8 815	1 258	4	11	84	1 075	9 894	1 269	4
5	Posen	8 427	1 233	15	109	84	718	9 160	1 342	5
6	Schlesien	15 551	2 093	24	192	132	2 150	17 725	2 285	6
7	Sachsen	17 856	4 728	7	18	108	1 122	18 985	4 746	7
8	Schleswig-Holstein	10 766	1 126	18	35	67	307	11 091	1 161	8
9	Hannover	17 310	2 970	30	94	119	1 122	18 462	3 064	9
10	Westfalen	13 627	2 190	18	47	95	723	14 368	2 237	10
11	Hessen-Nassau	7 140	806	28	36	51	1 722	8 890	842	11
12	Rheinprovinz	18 161	2 492	227	570	138	1 519	19 907	3 062	12
13	Hohenzollern	380	19	3	3	2	59	442	22	13
	im ganzen	151 282	22 647	387	1 133	1 177	15 174	166 843	23 780	

Tabelle 18 b.
Zusammenstellung der in den Staatsforsten beim Forst- und Jagdschutze vorgekommenen Tötungen und Verwundungen während der Jahre 1900—1904.

Jahr	Forstbeamte sind durch Wildbiebe und Forstfrevler				Bei Ausübung des Forstschutzes in den königlichen Forsten sind außerdem Personen, welche nicht dem zum Waffengebrauche berechtigten Forstschutzpersonale angehörten				Vom Forstschutzpersonale sind durch Wildbiebe und Forstfrevler zusammen				Wildbiebe und Forstfrevler sind durch Forstbeamte bei gerechtfertigtem Waffengebrauch			
	getötet	schwer verwundet	leicht verwundet	Summe der Fälle	getötet	schwer verwundet	leicht verwundet	Summe der Fälle	getötet	schwer verwundet	leicht verwundet	Summe der Fälle	getötet	schwer verwundet	leicht verwundet	Summe der Fälle
1.	2.	3.	4.	5.	6.	7.	8.	9.	10.	11.	12.	13.	14.	15.	16.	17.
1900	2	1	1	4	.	.	.	.	2	1	1	4	1	3[1]	3	7
1901	.	4	.	4	.	.	.	.	.	4	.	4	.	3	.	3
1902	3	1	1	5	.	.	.	.	3	1	1	5	2	4	3	9
1903	1	.	1	2	.	.	.	.	1	.	1	2	1	5	2	8
1904	.	.	.	.	.	.	.	.	.	.	.	.	3	.	2	5

Jahr	Wildbiebe und Forstfrevler sind durch Forstbeamte bei ungerechtfertigtem Waffengebrauch				Wildbiebe und Forstfrevler sind durch Personen, welche mit Ausübung des Forstschutzes in den königlichen Forsten betraut waren, aber nicht dem zum Waffengebrauch berechtigten Forstschutzpersonale angehörten								Wildbiebe und Forstfrevler sind zusammen			
					im Stande der Notwehr				ungerechtfertigter Weise							
	getötet	schwer verwundet	leicht verwundet	Summe der Fälle	getötet	schwer verwundet	leicht verwundet	Summe der Fälle	getötet	schwer verwundet	leicht verwundet	Summe der Fälle	getötet	schwer verwundet	leicht verwundet	Summe der Fälle
	18.	19.	20.	21.	22.	23.	24.	25.	26.	27.	28.	29.	30.	31.	32.	33.
1900	.	.	.	.	.	.	.	.	.	.	.	.	1	3	3	7
1901	.	.	.	.	.	.	.	.	.	.	.	.	.	3	.	3
1902	.	.	.	.	.	.	.	.	.	.	.	.	2	4	3	9
1903	.	.	.	.	.	.	.	.	.	.	.	.	1	5	2	8
1904	.	.	.	.	.	.	.	.	.	.	.	.	3	.	2	5

[1] Sämtlich mit tödlichem Ausgange.

Tabelle 19b.

Übersicht über die Forst-, Jagd- und Fischerei-Frevel in den Staatsforsten im Kalenderjahre 1904.

Laufende Nummer	Regierungsbezirk	Zahl der zur Anzeige gebrachten													Zahl der zur Verurteilung gebrachten													Anzahl der wegen Brandstiftung bestraften Personen	Bemerkungen
		Diebstähle an aufgearbeitetem Holze		Vergehen gegen das Forstdiebstahlsgesetz		Forstpolizeiübertretungen		Jagdvergehen und übertretungen		Fischereivergehen		Fälle der Widersetzlichkeit gegen Forstbeamte		Diebstähle an aufgearbeitetem Holze		Vergehen gegen das Forstdiebstahlsgesetz		Forstpolizeiübertretungen		Jagdvergehen und übertretungen		Fischereivergehen		Fälle der Widersetzlichkeit gegen Forstbeamte			
		im ganzen	für 100 ha der Gesamtfläche	im ganzen	für 100 ha der Gesamtfläche	im ganzen	für 100 ha der Gesamtfläche	im ganzen	für 100 ha der Gesamtfläche	im ganzen	für 100 ha der Gesamtfläche	im ganzen	für 100 ha der Gesamtfläche	im ganzen	für 100 ha der Gesamtfläche	im ganzen	für 100 ha der Gesamtfläche	im ganzen	für 100 ha der Gesamtfläche	im ganzen	für 100 ha der Gesamtfläche	im ganzen	für 100 ha der Gesamtfläche	im ganzen	für 100 ha der Gesamtfläche		
1.	2.	3.	4.	5.	6.	7.	8.																				
1	Königsberg	230	0,09	1 513	0,60	635	0,25	33	0,01	177	0,07	13	.	187	0,08	1 254	0,51	621	0,25	23	0,01	168	0,07	11	.	4	
2	Gumbinnen	213	0,09	1 287	0,53	653	0,27	15	0,01	29	0,02	9	.	208	0,17	4 514	3,62	492	0,39	12	.	27	0,02	9	0,01	.	
3	Danzig	214	0,17	4 765	3,83	503	0,40	39	0,02	49	0,02	7	.	272	0,11	4 198	1,68	862	0,34	26	0,01	43	0,02	7	.	2	
4	Marienwerder	310	0,12	4 277	1,71	928	0,37	15	0,01	179	0,08	4	.	26	0,01	2 720	1,20	1 119	0,49	10	.	166	0,07	4	.	2	
5	Potsdam	35	0,01	2 773	1,22	1 221	0,53	5	.	27	0,01	1	.	11	0,01	991	0,51	459	0,24	4	.	25	0,01	1	.	2	
6	Frankfurt a. O.	16	0,01	998	0,52	461	0,24	22	0,02	6	.	8	0,01	31	0,03	2 246	1,95	622	0,54	19	0,02	6	.	6	0,01	1	
7	Stettin	41	0,04	2 309	2,02	655	0,57	6	0,01	3	.	.	.	16	0,02	339	0,46	219	0,29	6	0,01	3	.	.	.	.	
8	Köslin	18	0,02	344	0,46	220	0,30	6	.	.	.	1	.	.	.	114	0,40	75	0,27	1	.	.	.	1	.	.	
9	Stralsund	.	.	114	0,40	78	0,28	.	.	.	.	.	.	.	.	.	.	.	.	.	.	.	.	.	.	.	
10	Posen	74	0,09	1 243	1,44	370	0,43	21	0,02	4	.	3	.	66	0,08	1 185	1,37	356	0,41	19	0,02	4	.	3	.	4	
11	Bromberg	134	0,12	1 997	1,77	366	0,32	26	0,02	1	.	7	.	118	0,10	1 983	1,75	351	0,31	19	0,02	1	.	5	.	1	
12	Breslau	33	0,05	491	0,79	158	0,25	8	0,01	14	0,02	2	.	27	0,04	489	0,79	158	0,25	7	0,01	12	0,02	2	.	3	
13	Liegnitz	.	.	71	0,32	19	0,09	1	.	7	0,03	.	.	.	.	68	0,31	19	0,08	1	.	7	0,03	.	.	.	
14	Oppeln	40	0,05	1 611	2,09	209	0,27	12	0,02	28	0,04	4	0,01	36	0,05	1 652	2,14	196	0,25	10	0,01	24	0,03	4	0,01	2	
15	Magdeburg	9	0,01	784	1,14	170	0,25	8	0,01	13	0,02	3	.	9	0,01	780	1,14	165	0,24	6	0,01	13	0,02	.	.	.	
16	Merseburg	21	0,03	720	0,91	251	0,32	9	0,01	1	.	3	.	20	0,03	741	0,94	248	0,31	7	0,01	1	.	.	.	3	
17	Erfurt	19	0,05	523	1,41	355	0,96	13	0,04	2	0,01	1	.	17	0,05	513	1,38	343	0,93	8	0,02	2	0,01	.	.	.	
18	Schleswig	5	0,01	21	0,05	66	0,15	6	0,01	.	.	.	.	3	.	26	0,06	59	0,13	5	0,01	.	.	.	.	.	
19	Hannover	6	0,02	230	0,74	51	0,16	2	0,01	14	0,01	5	.	5	0,02	225	0,73	46	0,15	.	.	14	0,01	4	.	3	
20	Hildesheim	29	0,03	493	0,47	246	0,23	17	0,02	1	.	.	.	23	0,02	487	0,46	243	0,23	16	0,02	1	.	.	.	.	
21	Lüneburg	10	0,01	100	0,11	62	0,07	4	.	.	.	3	.	7	0,01	88	0,10	60	0,07	3	.	.	.	.	.	4	
22	Stade	1	.	21	0,10	34	0,16	.	.	2	0,01	.	.	1	.	21	0,10	33	0,16	.	.	.	.	.	.	2	
23	Osnabrück (mit Aurich)	.	.	24	0,15	18	0,11	6	0,04	.	.	.	.	.	.	22	0,14	16	0,10	6	0,04	.	.	.	.	.	
24	Minden (mit Münster)	9	0,02	249	0,67	161	0,44	7	0,02	2	0,01	3	0,01	6	0,02	241	0,65	163	0,44	5	0,01	14	.	1	.	.	
25	Arnsberg	.	.	91	0,42	31	0,14	5	0,02	.	.	5	.	.	.	82	0,38	24	0,11	2	.	.	.	.	.	.	
26	Cassel	49	0,02	1 843	0,89	958	0,46	33	0,02	52	0,03	5	.	35	0,02	1 797	0,87	988	0,45	26	0,01	25	0,01	4	.	5	
27	Wiesbaden	9	0,02	278	0,52	576	1,08	11	0,02	61	0,11	.	.	7	0,01	274	0,52	549	1,03	14	0,03	51	0,10	.	.	.	
28	Coblenz	6	0,02	100	0,33	160	0,53	6	0,02	1	.	2	0,01	4	0,01	87	0,22	153	0,51	4	0,01	1	.	2	0,01	.	
29	Düsseldorf	6	0,03	85	0,44	24	0,13	5	0,03	27	0,14	2	.	4	0,01	76	0,40	18	0,09	2	.	21	0,11	1	0,01	1	
30	Cöln	15	0,11	296	2,07	28	0,20	9	0,06	.	.	12	0,02	11	0,08	288	2,02	20	0,14	8	0,06	.	.	9	0,01	.	
31	Trier	68	0,10	3 144	4,82	1 545	2,37	19	0,03	8	.	.	.	51	0,08	2 995	4,61	1 330	2,04	14	0,02	8	0,01	9	.	.	
32	Aachen	16	0,05	225	0,68	29	0,09	8	0,02	4	0,01	.	.	10	0,03	224	0,68	28	0,09	4	0,01	4	0,01	.	.	.	
	Summe	1 636	0,06	33 020	1,16	11 241	0,39	419	0,01	858	0,03	104	.	1 414	0,05	32 192	1,13	10 597	0,37	331	0,01	756	0,03	86	.	41	

Tabelle 20. Nachweisung der in den Etatsjahren 1900—1904 aufgekommenen Kapitalien für Veräußerung von Domänen und Forstgrundstücken und für Ablösung von Domänen und Forstgefällen.

Etatsjahr	Kaufgeld für Domänen-Grundstücke		Kaufgeld für Forst-Grundstücke		Zusammen		Ablösungs-Kapitalien		Zusammen (Spalte 4 und 5)	
	Mark	Pf.	Mark	Pf.	Mark	Pf.	Mark	Pf.	Mark	Pf.
1.	2.		3.		4.		5.		6.	
1900	4 527 874	47	1 746 462	53	6 274 337	.	1 253 743	50	7 528 080	50
1901	7 598 466	50	2 786 316	67	10 384 783	17	1 409 192	53	11 793 975	70
1902	6 164 107	91	2 277 873	61	8 441 981	52	1 243 835	66	9 685 817	18
1903	4 869 491	18	3 876 257	51	8 745 748	69	1 437 715	75	10 183 464	44
1904	7 117 830	47	4 278 410	84	11 396 241	31	1 450 273	01	12 846 514	32

Tabelle 27a. Summarische, nach alten und neuen Provinzen getrennte Übersicht über den Fortgang der Forstservitut- usw. Ablösungen in den Staatsforsten in den Jahren 1900—1904.

Nr.	Jahr	1. In den alten Provinzen						2. In den neuen Provinzen					
		Anzahl der bearbeiteten Sachen	Anzahl der abgeschlossenen Sachen	Als Abfindung sind gegeben				Anzahl der bearbeiteten Sachen	Anzahl der abgeschlossenen Sachen	Als Abfindung sind gegeben		
				Forstland		Kapital	Renten			Forstland		Kapital	Renten
				ha	dec	Mark	Mark			ha	dec	Mark	Mark
1.	2.	3.	4.	5.		6.	7.	8.	9.	10.		11.	12.
1	1900	66	26	31	010	799 287	20 267	27	5	.	402	41 683	1 819
2	1901	51	14	.	.	285 500	31 037	22	4	2	966	42 958	2 250
3	1902	54	19	.	650	384 626	30 592	22	6	17	272	60 224	2 105
4	1903	55	10	.	0715	130 180	30 082	23	1	.	.	72 039	2 148
5	1904	54	13	.	.	152 858	33 266	26	10	.	.	77 719	1 723

Tabelle 27b. Übersicht über den Fortgang der Forstservitut- usw. Ablösungen im Jahre 1904.

Lfd. Nr.	Regierungsbezirk	Bearbeitete Sachen	Abgeschlossene Sachen	Als Abfindung sind gegeben				Lfd. Nr.	Regierungsbezirk	Bearbeitete Sachen	Abgeschlossene Sachen	Als Abfindung sind gegeben			
				Forstland		Kapital	Renten					Forstland		Kapital	Renten
				ha	dec	Mark	Mark					ha	dec	Mark	Mark
1.	2.	3.	4.	5.		6.	7.	1.	2.	3.	4.	5.		6.	7.
1	Königsberg	12	1	.	.	34 431	.		Übertrag	52	13	.	.	149 857	3 941
2	Gumbinnen	11	2	.	.	18 283	.	17	Erfurt	.	.	.	.	.	.
3	Danzig	2	2	.	.	4 753	.	18	Schleswig	.	.	.	.	2 889	673
4	Marienwerder	13	3	.	.	57 399	.	19	Hannover	.	.	.	.	.	.
5	Potsdam	.	.	.	.	6 578	430	20	Hildesheim	7	5	.	.	37 995	.
6	Frankfurt a. O.	4	.	.	.	4 388	9	21	Lüneburg	4	2	.	.	33 237	999
7	Stettin	2	.	.	.	3 634	3 376	22	Stade	.	.	.	.	.	.
8	Köslin	1	.	.	.	100	.	23	Osnabrück (mit Aurich)	.	.	.	.	.	.
9	Stralsund	1	1	.	.	225	.	24	Minden (mit Münster)	13	2	.	.	1 853	.
10	Posen	.	.	.	.	.	.	25	Arnsberg	.	.	.	.	.	.
11	Bromberg	1	1	.	.	250	.	26	Cassel	1	.	.	.	1 746	51
12	Breslau	1	.	.	.	12 111	93	27	Wiesbaden	2	1	.	.	.	.
13	Liegnitz	.	.	.	.	.	.	28	Coblenz	1	.	.	.	.	.
14	Oppeln	4	3	.	.	4 700	.	29	Düsseldorf	.	.	.	.	.	.
15	Magdeburg	.	.	.	.	.	.	30	Cöln	.	.	.	.	3 000	.
16	Merseburg	.	.	.	.	3 005	33	31	Trier	.	.	.	.	.	29 325
	Übertrag	52	13	.	.	149 857	3 941	32	Aachen	.	.	.	.	.	.
									Zusammen	80	23	.	.	230 577	34 989

Tabelle 27c.

Zusammenstellung der auf Grund des Gesetzes vom 27. April 1872 (Ges.-S. S. 417) und der demselben nachgebildeten Gesetze an die Provinzial-Rentenbanken gezahlten Amortisationsrenten für abgelöste Leistungen der Forstverwaltung an Kirchen, Pfarren, Küstereien, sonstige geistliche Institute, fromme und milde Stiftungen, Wohltätigkeits-Anstalten usw. für 1901 bis 1904.

Nr.	Regierungsbezirk	1901 Mark	Pf.	1902 Mark	Pf.	1903 Mark	Pf.	1904 Mark	Pf.
1.	2.	3.		4.		5.		6.	
1	Königsberg								
2	Gumbinnen	69 634	40	69 634	40	69 634	40	69 634	40
3	Danzig								
4	Marienwerder								
5	Potsdam	51 079	.	51 079	.	51 079	.	51 079	.
6	Frankfurt a. O.								
7	Stettin								
8	Köslin	70 125	44	70 124	39	70 124	39	70 124	39
9	Stralsund								
10	Posen	.	.	.	.	.	.	.	.
11	Bromberg	.	.	.	.	.	.	.	.
12	Breslau								
13	Liegnitz	30 026	36	30 026	36	12 168	86	12 168	86
14	Oppeln								
15	Magdeburg	.	.	.	.	.	.	.	.
16	Merseburg	.	.	.	.	.	.	.	.
17	Erfurt	.	.	.	.	.	.	.	.
18	Schleswig	9 174	20	9 174	20	9 174	20	9 174	20
19	Hannover								
20	Hildesheim								
21	Lüneburg	68 367	40	68 367	40	68 367	40	68 367	40
22	Stade								
23	Osnabrück (mit Aurich)								
24	Minden (mit Münster)	.	.	.	.	.	.	.	.
25	Arnsberg	.	.	.	.	.	.	.	.
26	Cassel	.	.	.	.	.	.	.	.
27	Wiesbaden	.	.	.	.	.	.	.	.
28	Coblenz	.	.	.	.	.	.	.	.
29	Düsseldorf	.	.	.	.	.	.	.	.
30	Cöln	.	.	.	.	.	.	.	.
31	Trier	.	.	.	.	.	.	.	.
32	Aachen	.	.	.	.	.	.	.	.
	Zusammen	298 406	80	298 405	75	280 548	25	280 548	25

Tabelle 33a.

Nachweisung des jährlichen Bedarfes an Kiefernsamen in den Staatsforsten und der auf den Königlichen Darren gewonnenen Samenmengen für die Jahre 1900 bis 1904.

Bedarfsmenge			Selbstgewonnen sind im Winter vorher		Selbstkostenpreis für das kg einschl. des Betrages für Verzinsung und Tilgung des Bau-Kapitals	
zu den Kulturen für	kg	dcm	kg	dcm	Mark	Pf.
1.	2.		3.		4.	
1900	46 786	85	22 761	46	5	05
1901	48 782	61	31 035	65	5	41
1902	50 381	53	17 541	69	6	48
1903	45 760	93	45 052	25	6	50
1904	41 676	90	81 486	86	5	05

Tabelle 34a. Übersicht über die Erträge aus der Jagd

Bemerkung: Die Nutzung der niederen Jagd (ausschl. der Jagd auf Rehe) ist in der Regel an den Revierverwalter Hohenbucko im Regierungsbezirk Merseburg, Dedensen im Regierungsbezirk Hannover, Göhrde im Regierungs-

Laufende Nummer	Regierungsbezirk	Durch Administrationsbeschuß sind erlegt:																						
		Elchwild				Rotwild			Damwild			Rehe			Schwarzwild	Auerwild	Birkwild	Fasanen	Haselwild	Wildschwäne	Hasen	Rebhühner	Moorhühner	Trappen
		Hirsche	Weibliches Wild	Kälber	Eisböcken eingegangener Tiere	Hirsche	Weibliches Wild	Kälber	Hirsche	Weibliches Wild	Kälber	Böcke	Ricken	Kälber										
1.	2.	3.	4.	5.	6.	7.	8.	9.	10.	11.	12.	13.	14.	15.	16.	17.	18.	19.	20.	21.	22.	23.	24.	25.
1	Königsberg	2	.	.	4	30	36	12	20	88	10	704	142	2	57	.	5	.	25	2	.	.	.	.
					3	4	1	1	1	1	2	11	5	2						1				
2	Gumbinnen	2	.	.	6	35	117	78	13	3	4	991	523	13	97	.	35	1	10	2	.	.	.	.
				2		2						7	6	35										
3	Danzig	.	.	.	.	.	.	.	1	3	3	268	108	5	20	18	.	.	14	.	.	.	.	.
												4		1						1				
4	Marienwerder	.	.	.	.	45	35	14	26	57	38	639	246	13	17	11	8	6	.	.	.	.	.	.
						4						9	9	1										
5	Potsdam	.	.	.	.	346	471	418	603	724	523	484	407	56	165	.	17	56	.	.	1081	258	.	6
						4		1	3	3		5	2											
6	Frankfurt a. O.	.	.	.	.	128	267	109	.	.	.	402	262	28	201	.	11	1	.	.	623	.	.	.
						8	4	5				15	12	4										
7	Stettin	.	.	.	.	148	313	111	14	33	9	213	136	.	77	.	.	16	.	.	.	.	.	.
						2						3	6											
8	Köslin	.	.	.	.	61	79	18	1	.	.	235	138	.	66	.	.	9	.	2	.	.	.	.
								2				1			2	1								
9	Stralsund	.	.	.	.	86	322	.	17	55	.	119	55	2	64	.	.	125	.	.	.	.	.	.
10	Posen	.	.	.	.	52	67	40	3	5	3	223	140	2	11	.	11	15	.	.	.	.	.	.
								1				5	1	2										
11	Bromberg	.	.	.	.	8	8	6	3	4	1	262	160	10	12	.	2	.	.	.	.	.	.	.
												9	6											
12	Breslau	.	.	.	.	61	80	37	1	4	.	259	177	26	.	.	.	33	.	.	.	.	.	.
						2	1					1	2											
13	Liegnitz	.	.	.	.	4	2	1	5	16	7	85	91	4	2	3	10	.	.	.	.	.	.	.
									1				1											
14	Oppeln	.	.	.	.	86	82	27	4	7	4	362	193	38	7	.	.	.	.	.	.	.	.	.
							1					16	7	2										
15	Magdeburg	.	.	.	.	98	87	48	324	582	495	336	154	33	407	.	1	1	.	.	.	.	.	.
						7	1		13		8	11	8	6										
16	Merseburg	.	.	.	.	82	104	39	7	11	2	363	146	18	29	4	4	7	.	.	1	53	.	.
						2						3	3											
17	Erfurt	.	.	.	.	62	108	38	.	.	.	121	108	23	2	5	.	.	.	.	.	.	.	.
						4	2	1				5	6	1										
18	Schleswig	.	.	.	.	19	26	7	21	37	20	157	291	19	.	.	1	.	.	.	.	.	.	.
										1		2	1	2										
19	Hannover	.	.	.	.	9	15	10	6	19	8	157	66	13	203	.	.	6	.	.	20	.	.	.
									1				2											
20	Hildesheim	.	.	.	.	359	453	431	.	.	.	408	289	29	50	5	.	.	.	.	.	.	.	.
21	Lüneburg	.	.	.	.	61	68	57	.	.	.	322	60	8	156	.	31	5	.	1	1	.	.	.
								1				12	2	4										
22	Stade	.	.	.	.	.	.	.	.	.	.	96	70	2	.	.	.	1	1	.	.	.	.	.
												4		1										
23	Osnabrück (mit Aurich)	.	.	.	.	.	.	.	.	.	.	43	8	.	10	.	9	1	.	.	.	.	.	.
24	Minden (mit Münster)	.	.	.	.	10	29	10	1	.	.	169	56	8	18	.	4	113	1	.	1139	599	.	.
												4	8	1										
25	Arnsberg	.	.	.	.	8	18	6	.	.	.	88	30	2	71	3	.	1	.	.	.	.	.	.
26	Cassel	.	.	.	.	148	204	63	.	.	.	1287	774	24	224	57	1	1	.	.	.	.	.	.
						2	1	1				12	18	5	2									
27	Wiesbaden	.	.	.	.	19	61	19	2	2	1	324	207	20	34	1	.	1	.	.	.	.	.	.
						1			2			5	6											
28	Coblenz	.	.	.	.	23	36	31	.	.	.	165	22	1	30	.	3	.	.	.	.	.	.	.
						3	2	1				3	2	1										
29	Düsseldorf (einschl. des Clever Tiergartens)	.	.	.	.	22	43	9	.	.	.	61	23	1	.	.	4	.	.	.	.	.	.	.
							1	2				2	1											
30	Cöln	.	.	.	.	9	29	.	7	23	.	56	34	.	2	.	.	.	.	.	.	.	.	.
31	Trier	.	.	.	.	148	110	87	.	.	.	371	100	.	105	.	.	1	.	.	.	.	.	.
						1		1						2										
32	Aachen	.	.	.	.	9	6	.	.	.	.	199	48	.	109	.	3	6	1	.	.	.	9	.
												3	3											
	Summe	4	.	.	10	2176	3276	1726	1079	1673	1128	9969	5264	400	2246	107	162	405	51	7	2865	910	9	6
			2		3	46	15	16	21	5	10	148	126	73	4	1				2				

bei der Staatsforstverwaltung für das Etatsjahr 1904.

verpachtet. Nur in einzelnen Oberförstereien der Regierungsbezirke Potsdam und Frankfurt a. O., sowie in den Oberförstereien bezirk Lüneburg und Haste im Regierungsbezirk Minden wird die niedere Jagd ganz oder teilweise administriert.

Einnahmen.						Ausgaben.								
Für das durch Administrationsbeschuß erlegte Wild sind zur Forstkasse gezahlt		Durch Verpachtung sind aufgekommen		Zusammen		Für angepachtete Jagden sind verausgabt		Sonstige Jagdverwaltungskosten, soweit sie nicht vom Oberförster zu bestreiten sind		Zusammen		Netto-Ertrag		Regierungsbezirk
M.	Pf.	M.	Pf.	M.	Pf.	M.	Pf.	M.	Pf.	M.	Pf.	M.	Pf.	
26.		27.		28.		29.		30.		31.		32.		
11 395	65	7 134	27	18 529	92	569	23	35	55	604	78	17 925	14	Königsberg.
16 340	80	2 017	22	18 358	02	3 944	.	4 020	30	7 964	30	10 393	72	Gumbinnen.
3 319	48	4 199	96	7 519	44	142	.	.	.	142	.	7 377	44	Danzig.
10 945	50	2 036	65	12 982	15	193	13	320	15	513	28	12 468	87	Marienwerder.
50 351	04	8 181	97	58 533	01	2 482	97	8 163	89	10 646	86	47 886	15	Potsdam.
16 980	58	3 052	99	20 033	57	2 449	33	1 827	96	4 277	29	15 756	28	Frankfurt a. O.
16 001	60	4 189	98	20 191	58	188	90	223	.	411	90	19 779	68	Stettin.
6 872	.	1 085	47	7 957	47	9	25	198	99	208	24	7 749	23	Köslin.
9 079	04	402	75	9 481	79	76	15	1 377	85	1 454	.	8 027	79	Stralsund.
6 153	55	2 131	72	8 285	27	735	99	2 508	76	3 244	75	5 040	52	Posen.
3 938	81	2 537	35	6 476	16	974	18	.	.	974	18	5 501	98	Bromberg.
8 044	34	4 997	07	13 041	41	603	40	1 368	03	1 971	43	11 069	98	Breslau.
2 005	80	823	99	2 829	79	35	.	139	80	174	80	2 654	99	Liegnitz.
9 147	11	2 038	85	11 185	96	190	.	1 087	38	1 277	38	9 908	58	Oppeln.
21 835	24	3 383	56	25 218	80	436	80	5 861	76	6 298	56	18 920	24	Magdeburg.
10 089	44	5 483	.	15 572	44	400	60	107	79	508	39	15 064	05	Merseburg.
6 402	69	1 595	15	7 997	84	1 302	30	2 883	56	4 185	86	3 811	98	Erfurt.
5 706	05	7 518	48	13 224	53	.	87	.	.	.	87	13 223	66	Schleswig.
5 218	40	2 640	01	7 858	41	500	15	74	66	574	81	7 283	60	Hannover.
30 303	66	2 144	28	32 447	94	437	36	13 290	55	13 727	91	18 720	03	Hildesheim.
7 664	87	3 894	09	11 558	96	217	15	779	93	997	08	10 561	88	Lüneburg.
1 476	.	1 660	61	3 136	61	.	.	.	.	.	.	3 136	61	Stade.
492	50	603	41	1 095	91	.	.	.	.	.	.	1 095	91	Osnabrück (mit Aurich).
4 639	22	2 361	22	7 000	44	736	30	1 118	01	1 854	31	5 146	13	Minden (mit Münster).
1 810	90	2 611	98	4 422	88	57	50	.	.	57	50	4 365	38	Arnsberg.
28 204	59	12 334	89	40 539	48	541	70	5 529	10	6 070	80	34 468	68	Cassel.
7 094	45	15 679	90	22 774	35	924	87	17	10	941	97	21 832	38	Wiesbaden.
3 671	60	5 164	58	8 836	18	139	51	187	24	326	75	8 509	43	Coblenz.
2 245	.	10 581	70	12 826	70	168	33	.	.	168	33	12 658	37	Düsseldorf (einschl. des Clever Tiergartens).
1 775	.	16 692	55	18 467	55	263	64	52	.	315	64	18 151	91	Cöln.
11 039	30	4 869	94	15 909	24	557	12	2 770	19	3 327	31	12 581	93	Trier.
2 880	15	4 022	15	6 902	30	294	80	413	90	708	70	6 193	60	Aachen.
323 124	36	148 071	74	471 196	10	19 572	53	54 357	45	73 929	98	397 266	12	

Tabelle

Übersicht des Holzmassenertrages der Staatsforsten im

Nr.	Regierungsbezirk	Flächeninhalt			Fällungs-Ergebnis und Nutzholz-							
					Derbholz				Nicht-Derbholz			
		a. Holzboden	b. Nicht-holz-boden	zusammen (a + b)	Bau- und Nutzholz	Brennholz	Summe (Sp. 4 + 5)	mithin für 1 ha der Holz-boden-fläche (Sp. 1)	Nutzholz	Reisholz		Stockholz
										Brennholz	Summe (Sp. 8 + 9)	
		Hektare			Festmeter				Festmeter			
		1.	2.	3.	4.	5.	6.	7.	8.	9.	10.	11.
1	Königsberg	192 214	58 446	250 660	420 153	341 000	761 153	3,96	1 367	92 945	94 312	28 349
2	Gumbinnen	194 313	49 351	243 664	317 984	317 203	635 187	3,27	1 933	105 822	107 755	10 732
3	Danzig	112 140	12 431	124 571	159 346	107 630	266 976	2,38	2 632	52 542	55 174	7 455
4	Marienwerder	223 015	27 089	250 104	479 777	212 609	692 386	3,10	1 421	150 315	151 736	27 785
5	Potsdam	204 482	22 314	226 796	430 732	255 025	685 757	3,35	940	63 817	64 757	35 149
6	Frankfurt a. O.	¹)186 809	¹)15 136	¹)201 945	478 640	167 392	646 032	3,62	1 978	69 109	71 087	21 962
7	Stettin	²)106 881	²)12 038	²)118 919	262 865	174 139	437 004	4,09	385	32 199	32 584	8 375
8	Köslin	³)63 188	³)6 766	³)69 954	82 882	93 256	176 138	2,62	135	41 245	41 380	1 118
9	Stralsund	25 182	3 000	28 182	45 028	38 013	83 041	2,95	445	21 120	21 565	721
10	Posen	78 491	7 977	86 468	169 592	67 728	237 320	3,02	3 783	64 049	67 832	15 029
11	Bromberg	104 439	8 645	113 084	215 711	96 059	311 770	2,99	1 548	71 633	73 181	24 017
12	Breslau	57 309	4 865	62 174	236 213	105 506	341 719	5,96	6 130	26 499	32 629	12 257
13	Liegnitz	20 577	1 362	21 939	74 170	19 052	93 222	4,53	1 932	9 733	11 665	2 628
14	Oppeln	72 918	4 315	77 233	466 940	80 747	547 687	7,05	1 623	41 729	43 352	3 286
15	Magdeburg	62 854	6 026	68 880	782 657	82 245	864 902	13,76	453	52 320	52 773	3 526
16	Merseburg	71 917	6 926	78 843	249 740	107 381	357 121	4,97	999	43 572	44 571	8 110
17	Erfurt	36 096	984	37 080	118 702	69 391	188 093	5,21	3 100	31 596	34 696	8 549
18	Schleswig	37 452	7 100	44 552	62 087	73 412	135 499	3,62	1 138	43 777	44 915	376
19	Hannover	27 810	3 141	30 951	63 632	41 346	104 978	3,77	1 448	25 987	27 435	323
20	Hildesheim	100 950	4 684	105 634	304 121	201 244	505 365	5,01	3 796	65 789	69 585	9 741
21	Lüneburg	78 970	8 237	87 207	150 733	59 203	209 936	2,66	3 626	48 838	52 464	1 298
22	Stade	17 301	3 981	21 282	38 455	15 035	53 490	3,09	1 058	9 431	10 489	125
23	Osnabrück u. Aurich	14 832	1 443	16 275	22 315	7 423	29 738	2,00	171	7 991	8 162	3
24	Minden u. Münster	34 723	1 517	36 240	101 310	85 651	186 961	5,38	2 259	41 235	43 494	578
25	Arnsberg	21 898	806	22 704	44 725	38 175	82 900	3,74	1 832	10 973	12 805	4
26	Cassel	201 320	6 561	207 881	195 646	302 677	498 323	2,47	5 144	231 155	236 299	9 505
27	Wiesbaden	51 480	1 673	53 153	46 386	122 939	169 325	3,29	1 793	61 147	62 940	595
28	Coblenz	29 111	865	29 976	48 844	51 221	100 065	3,44	1 584	29 051	30 635	500
29	Düsseldorf	17 012	2 127	19 139	49 609	10 639	60 248	3,54	2 632	30 192	32 824	890
30	Cöln	13 481	792	14 273	29 607	10 232	39 839	2,96	318	11 790	12 108	2
31	Trier	63 108	2 087	65 195	94 389	111 532	205 921	3,26	1 830	38 373	40 203	265
32	Aachen	31 986	986	32 972	74 091	30 337	104 428	3,26	1 678	20 239	21 917	.
	Zusammen	2 554 259	293 671	2 847 930	6 317 082	3 495 442	9 812 524	3,84	61 111	1 646 213	1 707 324	243 253

¹) einschl. Steinbusch.   ²) einschl. Webelsdorf.   ³) ausschl. Webelsdorf.

7 c.

Statsjahre 1904 (Wirtschaftsjahr 1. Oktober 1903/1904).

rozent im ganzen						Ausscheidung des Nutzholzergebnisses nach den Hauptholzarten							
Gesamte Holzmasse				Nutzholzprozent		Laubholz					Nadelholz		
								hierunter Eichen					
Bau- und Nutzholz (Sp. 4 + 8)	Brennholz (Sp. 5 + 9 + 11)	Summe (Sp. 12 + 13)	mithin für 1 ha der Holzbodenfläche (Sp. 1)	von der Derbholzmasse 4 : 6	von der gesamten Holzmasse 12 : 14	Gesamtanfall	Gesamtanfall (Nutzholz und Brennholz — Derbholz und Nicht-Derbholz)	Nutzholz in Stämmen (Langholz, Klötze, Blöcher, Abschnitte) und in Stangen	Schichtnutzholz	Nutzholzprozent	Gesamtanfall	Nutzholz in Stämmen (Langholz, Klötze, Blöcher, Abschnitte) und in Stangen	Schichtnutzholz	Nutzholzprozent
								Derbholz und Nicht-Derbholz				Derbholz und Nicht-Derbholz		
Festmeter				%		Festmeter				%	Festmeter			%
12.	13.	14.	15.	16.	17.	18.	19.	20.	21.	22.	23.	24.	25.	26.
421 520	462 294	883 814	4,60	55	48	271 593	29 769	10 922	5 385	55	612 221	317 696	53 982	61
319 917	433 757	753 674	3,88	50	42	196 126	11 349	5 333	2 184	66	557 548	248 003	52 686	54
161 978	167 627	329 605	2,94	60	49	105 798	22 261	7 907	3 466	51	223 807	124 304	9 966	60
481 198	390 709	871 907	3,91	69	55	94 486	20 695	5 890	2 752	42	777 421	426 239	35 366	59
431 672	353 991	785 663	3,84	63	55	123 542	22 309	6 222	2 133	37	662 121	309 782	96 578	61
480 618	258 463	739 081	4,42	74	65	98 850	24 406	9 260	2 917	50	640 231	325 453	114 126	69
263 250	214 713	477 963	4,47	60	55	113 163	26 436	7 674	2 965	40	364 800	150 256	86 749	65
83 017	135 619	218 636	3,25	47	38	98 975	20 350	5 166	1 868	35	119 661	58 414	7 425	55
45 473	59 854	105 327	3,74	54	43	57 483	19 196	3 601	2 850	34	47 844	16 112	14 965	65
173 375	146 806	320 181	4,08	71	54	30 421	7 001	3 289	805	58	289 760	110 543	52 498	56
217 259	191 709	408 968	3,92	69	53	22 703	10 784	3 418	727	38	386 265	201 564	8 859	54
242 343	144 262	386 605	6,75	69	63	78 901	32 034	13 410	2 329	49	307 704	199 944	11 990	69
76 102	31 413	107 515	5,23	80	71	12 805	6 143	2 696	215	47	94 710	65 527	4 653	74
468 563	125 762	594 325	8,15	85	79	21 264	10 435	3 856	508	42	573 061	405 242	55 821	80
783 110	138 091	921 201	14,66	90	85	90 449	40 162	9 643	2 984	31	830 752	420 248	339 956	92
250 739	159 063	409 802	5,70	70	61	76 652	30 466	12 524	1 224	45	333 150	135 881	87 454	67
121 802	109 536	231 338	6,41	63	53	83 926	7 223	3 047	416	48	147 412	77 983	25 316	70
63 225	117 565	180 790	4,83	46	35	135 282	29 740	12 131	4 379	56	45 508	19 366	5 351	54
65 080	67 656	132 736	4,77	61	49	74 685	15 120	5 999	942	46	58 051	35 056	2 785	65
307 917	276 774	584 691	5,79	60	53	263 064	27 088	11 358	1 933	49	321 627	217 563	29 617	77
154 359	109 339	263 698	3,34	72	59	74 359	21 011	7 750	1 236	43	189 339	130 691	5 903	72
39 513	24 591	64 104	3,71	72	62	22 690	10 804	5 491	1 106	61	41 414	23 743	6 527	73
22 486	15 417	37 903	2,56	75	59	11 193	3 209	1 864	245	66	26 710	17 880	258	68
103 569	127 464	231 033	6,65	54	45	176 982	27 486	13 107	2 540	57	54 051	34 558	8 930	80
46 557	49 152	95 709	4,37	54	49	72 194	10 432	6 866	244	68	23 515	16 375	6 422	97
200 790	543 337	744 127	3,70	39	27	505 883	105 641	26 117	9 180	33	238 244	118 772	15 733	56
48 179	184 681	232 860	4,52	27	21	198 317	29 208	8 226	2 196	36	34 543	23 076	2 918	75
50 428	80 772	131 200	4,51	49	38	95 538	24 321	8 814	2 277	46	35 662	29 073	1 590	86
52 241	41 721	93 962	5,52	82	56	38 443	21 637	4 365	5 632	46	55 519	29 321	7 065	66
29 925	22 024	51 949	3,85	74	58	37 521	17 836	9 908	712	60	14 428	9 899	1 460	79
96 219	150 170	246 389	3,90	46	40	205 822	42 405	17 183	8 149	60	40 567	30 605	4 094	86
75 769	50 576	126 345	3,95	71	60	69 454	18 681	7 445	828	44	56 891	47 406	4 623	91
6 378 193	5 384 908	11 763 101	4,61	64	54	3 558 564	745 638	260 482	77 327	45	8 204 537	4 376 575	1 161 666	68

Tabelle 38b.

Übersicht des Materialertrages und des Sortimentsverhältnisses in den Staatsforsten für die Etatsjahre 1900—1904
(Wirtschaftsjahre 1. Oktober 1899 bis 1. Oktober 1904).

Wirtschafts-jahr	Rechnungsmäßiger Ist-Einschlag								Darunter sind enthalten		Zur Holzzucht bestimmte Fläche
	Bau- und Nutzholz			Brennholz				Summe Bau-, Nutz- und Brennholz (Spalte 4 und 8)	Derbholz einschl. Nutzrinde (Spalte 2 und 5)	Reisig (Spalte 3 und 7)	
	Derbholz einschl. Nutzrinde	Reisig	Zusammen (Spalte 2 und 3)	Derbholz	Stockholz	Reisig	Zusammen (Spalte 5, 6 und 7)				
	Festmeter										Hektar
1.	2.	3.	4.	5.	6.	7.	8.	9.	10.	11.	12.
1. Oktober 1899/1900	4 579 059	66 489	4 645 548	3 103 094	267 974	1 595 145	4 966 213	9 611 761	7 682 153	1 661 634	2 519 419
„ „ 1900/1901	4 862 231	65 259	4 927 490	3 425 433	280 169	1 733 558	5 439 160	10 366 650	8 287 664	1 798 817	2 524 465
„ „ 1901/1902	4 756 439	65 885	4 822 324	3 935 595	313 934	1 733 100	5 982 629	10 804 953	8 692 034	1 798 985	2 531 606
„ „ 1902/1903	6 665 257	64 984	6 730 241	3 875 347	262 713	1 649 412	5 787 472	12 517 713	10 540 604	1 714 396	2 544 271
„ „ 1903/1904	6 317 082	61 111	6 378 193	3 495 442	243 253	1 646 213	5 384 908	11 763 101	9 812 524	1 707 324	2 554 259

Fortsetzung zu Tabelle 38b.

Die Abnutzung hat pro Hektar der Holzbodenfläche betragen									Von dem Derbholz-Einschlage entfallen:									
Bau- und Nutzholz			Brennholz			Summe Bau-, Nutz- und Brennholz (Spalte 15 u. 19)	Derb-, Nutz- und Brennholz (Spalte 13 und 16)	Reisig-, Nutz- und Brennholz (Spalte 14 und 18)	auf das Hoch- und Plänterwalde		Vornutzung		auf das Mittelwalde		Zusammen (Spalte 23, 25 und 28)	auf das nicht kontroll-fähige Material des Mittel- und Niederwaldes	Wirtschafts-jahr
Derbholz einschl. Nutzrinde	Reisig	Zusammen (Spalte 13 u. 14)	Derbholz	Stockholz	Reisig	Zusammen (Spalte 16, 17 und 18)			Hauptnutzung								
									Festmeter	Prozente des gesamten kontroll-fähigen Materials	Festmeter	Prozente des gesamten kontroll-fähigen Materials	Prozente der Haupt-nutzung	Festmeter	Prozente des ge-samten kontrollfähigen Materials		
Festmeter									Festmeter								
13.	14.	15.	16.	17.	18.	19.	20.	21.	22.	23.	24.	25.	26.	27.	28.	29.	30.	31.	32.
1,82	0,03	1,85	1,23	0,11	0,63	1,97	3,82	3,05	0,66	5 245 718	68,5	2 369 686	30,9	45,2	41 266	0,6	7 656 670	25 483	1. Oktober 1899/1900
1,93	0,03	1,96	1,36	0,11	0,68	2,15	4,11	3,29	0,71	5 603 668	67,8	2 615 946	31,7	46,7	40 907	0,5	8 260 521	27 143	„ „ 1900/1901
1,88	0,03	1,91	1,55	0,12	0,69	2,36	4,27	3,43	0,72	5 536 611	63,9	3 093 378	35,7	55,9	39 420	0,4	8 669 409	22 625	„ „ 1901/1902
2,62	0,03	2,65	1,52	0,10	0,65	2,27	4,92	4,14	0,68	7 061 866	67,1	3 414 225	32,5	48,3	38 266	0,4	10 514 357	26 247	„ „ 1902/1903
2,47	0,02	2,49	1,37	0,10	0,64	2,11	4,60	3,84	0,66	6 480 111	66,2	3 279 255	33,5	50,6	32 505	0,3	9 791 871	20 653	„ „ 1903/1904

Tabelle 42.

Zusammenstellung der in den Etatsjahren 1901—1904 in den preußischen Staatsforsten verwerteten Eichenrinde.

Lfd. Nr.	Provinz	Etatsjahr 1901 (Wirtschaftsjahr 1. Oktober 1900/01)		Etatsjahr 1902 (Wirtschaftsjahr 1. Oktober 1901/02)		Etatsjahr 1903 (Wirtschaftsjahr 1. Oktober 1902/03)		Etatsjahr 1904 (Wirtschaftsjahr 1. Oktober 1903/04)
		grobe Rinde	Spiegel-Rinde	grobe Rinde	Spiegel-Rinde	grobe Rinde	Spiegel-Rinde	Spiegel-Rinde
		Doppel-Zentner (100 kg)						
1.	2.	3.	4.	5.	6.	7.	8.	9.
1	Ostpreußen	.	.	.	.	.	.	.
2	Westpreußen	.	937	.	966	.	.	11
3	Brandenburg	.	.	.	.	.	.	.
4	Pommern	213	.	87	.	104	.	.
5	Posen	.	428	.	474	.	401	582
6	Schlesien	.	181	.	.	.	106	.
7	Sachsen	.	82	.	140	.	175	140
8	Schleswig-Holstein	.	.	.	.	.	.	.
9	Hannover	223	94	868	.	253	205	340
10	Westfalen	.	.	153	.	.	.	.
11	Hessen-Nassau	618	4 601	767	5 565	981	5 006	4 027
12	Rheinprovinz	.	4 045	.	4 345	.	2 538	1 374
	Zusammen 1—7, 10 und 12 (alte Provinzen)	213	5 673	240	5 925	104	3 220	2 107
		5 886		6 165		3 324		
	Zusammen 8, 9 und 11 (neue Provinzen)	841	4 695	1 635	5 565	1 234	5 211	4 367
		5 536		7 200		6 445		
	Gesamtbetrag	1 054	10 368	1 875	11 490	1 338	8 431	6 474
		11 422		13 365		9 769		

Tabelle

Übersicht von dem Flächeninhalt und von

Laufende Nummer	Regierungs-Bezirk	Flächen-Inhalt					Verwertete Holzmasse			Geldertrag	
		Zur Holzzucht bestimmter Boden	Nicht zur Holzzucht bestimmter Boden		Zusammen nutzbarer Boden	Gesamt-Fläche	Derbholz	Stock- und Reisigholz	Zusammen	Barer zur Kasse gelangter Erlös	Taxverlust durch Freiholz-Abgaben
			nutzbar	un-nutzbar							
		Darunter dem Staate anteilig gehörige Waldungen									
		Hektar					Festmeter			Mark	
1.	2.	3.	4.	5.	6.	7.	8.	9.	10.	11.	12.
1	Königsberg	192 214	21 402	37 044	213 616	250 660	761 153	122 661	883 814	6 946 038	223 666
2	Gumbinnen	194 313	33 653	15 698	227 966	243 664	635 187	118 487	753 674	5 541 274	220 119
3	Danzig	112 140	6 565	5 866	118 705	124 571	266 976	62 629	329 605	2 661 273	91 444
4	Marienwerder	223 015	13 079	14 010	236 094	250 104	692 386	179 521	871 907	8 061 727	176 227
5	Potsdam	204 482	10 611	11 703	215 093	226 796	685 757	99 906	785 663	8 406 995	69 846
6	Frankfurt a. O.[1]	186 809	8 067	7 069	194 876	201 945	646 032	93 049	739 081	8 201 103	53 461
7	Stettin[2]	106 881	9 601	2 437	116 482	118 919	437 004	40 959	477 963	4 594 401	39 468
8	Köslin[3]	63 188	4 660	2 106	67 848	69 954	176 138	42 498	218 636	1 691 595	12 822
9	Stralsund	25 182	2 006	994	27 188	28 182	83 041	22 286	105 327	802 946	14 997
10	Posen	78 491	5 285	2 692	83 776	86 468	237 320	82 861	320 181	2 652 300	22 097
11	Bromberg	104 439	5 116	3 529	109 555	113 084	311 770	97 198	408 968	3 535 024	32 256
12	Breslau	57 309	4 064	801	61 373	62 174	341 719	44 886	386 605	3 872 646	26 225
13	Liegnitz	20 577	860	502	21 437	21 939	93 222	14 293	107 515	1 127 484	9 634
14	Oppeln	72 918	3 608	707	76 526	77 233	547 687	46 638	594 325	4 749 819	33 376
15	Magdeburg	62 854	4 492	1 534	67 346	68 880	864 902	56 299	921 201	10 880 261	24 229
16	Merseburg	71 917	5 686	1 240	77 603	78 843	357 121	52 681	409 802	4 408 211	20 179
17	Erfurt	36 096	701	283	36 797	37 080	188 093	43 245	231 338	2 665 626	17 210
18	Schleswig	37 452	6 189	911	43 641	44 552	135 499	45 291	180 790	1 361 046	14 407
19	Hannover	27 810	2 488	653	30 298	30 951	104 978	27 758	132 736	1 170 803	11 440
20	Hildesheim	100 950	3 084	1 600	104 034	105 634	505 365	79 326	584 691	5 870 679	252 348
21	Lüneburg	78 970	6 022	2 215	84 992	87 207	209 936	53 762	263 698	2 359 642	24 046
22	Stade	17 301	3 545	436	20 846	21 282	53 490	10 614	64 104	550 067	4 451
23	Osnabrück	14 832	973	470	15 805	16 275	29 738	8 165	37 903	336 027	2 014
24	Minden	34 723	982	535	35 705	36 240	186 961	44 072	231 033	1 853 119	39 643
25	Arnsberg	21 898	656	150	22 554	22 704	82 900	12 809	95 709	895 159	3 615
		1 114	*9*		*1 123*	*1 123*					
26	Cassel	201 320	5 458	1 103	206 778	207 881	498 323	245 804	744 127	5 106 478	395 791
		401	*4*	*1*	*405*	*406*					
27	Wiesbaden	51 480	1 345	328	52 825	53 153	169 325	63 535	232 860	1 871 604	36 867
28	Coblenz	29 111	673	192	29 784	29 976	100 065	31 135	131 200	1 102 754	6 882
29	Düsseldorf	17 012	1 745	382	18 757	19 139	60 248	33 714	93 962	899 523	4 696
30	Cöln	13 481	676	116	14 157	14 273	39 839	12 110	51 949	505 701	1 492
31	Trier	63 108	1 631	456	64 739	65 195	205 921	40 468	246 389	2 586 454	11 384
32	Aachen	31 986	495	491	32 481	32 972	104 428	21 917	126 345	1 218 144	1 411
33	Sigmaringen	.	.	.	.	.	.	.	.	.	.
34	Berlin, Ministerial-Baukommission	.	.	.	.	.	.	.	.	.	.
35	General-Staatskasse	.	.	.	.	.	.	.	.	.	.
	Summe	2 554 259	175 418	118 253	2 729 677	2 847 930	9 812 524	1 950 577	11 763 101	108 485 923	1 897 743
		1 515	*13*	*1*	*1 528*	*1 529*					

[1]) Einschl. Steinbusch. — [2]) Einschl. Wedelsdorf. — [3]) Ausschl. Wedelsdorf.

43b.

den Erträgen für das Etatsjahr 1904.

für Holz		Sonstige Einnahmen für Nebennutzungen, Jagd und anderes	Gesamter Roh-Ertrag			Dauernde Ausgaben			Rein-Ertrag			Einmalige und außerordentliche Ausgaben	Bleibt Rein-Ertrag *Die schrägen Zahlen sind Minuszahlen*	Rein-Ertrag	
Zusammen	Für das Hektar Holzboden		Im ganzen einschließlich Taxverlust	für das Hektar der		Im ganzen	für das Hektar der		Im ganzen *Die schrägen Zahlen sind Minuszahlen*	für das Hektar der				mit Einschluß	nach Abzug
				nutzbaren	Gesamt-		nutzbaren	Gesamt-		nutzbaren	Gesamt-			der einmaligen und außerordentlichen Ausgaben beträgt vom Roh-Ertrage %	
				Fläche			Fläche			Fläche					
Mark	Mark	Mark	Mark			Mark			Mark			Mark	Mark		
13.	14.	15.	16.	17.	18.	19.	20.	21.	22.	23.	24.	25.	26.	27.	28.
7 169 704	37,30	604 087	7 773 791	36,39	31,01	3 760 590	17,60	15,80	4 013 201	18,77	16,01	59 923	3 953 278	51,62	50,85
5 761 393	29,65	692 608	6 454 001	28,31	26,49	3 654 178	16,03	15,00	2 799 823	12,28	11,49	81 074	2 718 749	43,38	42,13
2 752 717	24,55	150 563	2 903 280	24,46	23,31	1 911 972	16,11	15,35	991 308	8,35	7,96	945 758	45 550	34,14	1,57
8 237 954	36,94	307 423	8 545 377	36,19	34,17	2 829 950	11,99	11,32	5 715 427	24,21	22,85	1 327 369	4 388 058	66,88	51,35
8 476 841	41,45	520 598	8 997 439	41,83	39,67	3 332 440	15,49	14,69	5 664 999	26,34	24,98	338 481	5 326 518	62,96	59,20
8 254 564	44,19	345 448	8 600 012	44,13	42,59	3 623 384	18,59	17,94	4 976 628	25,54	24,64	63 596	4 913 032	57,87	57,13
4 633 869	43,36	409 700	5 043 569	43,30	42,41	1 654 347	14,20	13,91	3 389 222	29,10	28,50	8 884	3 380 338	67,20	67,02
1 704 417	26,97	96 269	1 800 686	26,55	25,74	1 041 112	15,35	14,88	759 574	11,20	10,86	1 217 984	*458 410*	42,18	.
817 943	32,48	69 288	887 231	32,63	31,48	583 845	21,47	20,72	303 386	11,16	10,77	225	303 161	34,19	34,17
2 674 397	34,07	143 678	2 818 075	33,64	32,59	1 177 652	14,05	13,62	1 640 423	19,58	18,97	159 532	1 480 891	58,21	52,55
3 567 280	34,16	192 514	3 759 794	34,32	33,25	1 706 579	15,58	15,09	2 053 215	18,74	18,16	165 337	1 887 878	54,61	50,21
3 898 871	68,03	201 113	4 099 984	66,80	65,94	1 361 633	22,19	21,90	2 738 351	44,62	44,04	13 611	2 724 740	66,79	66,46
1 137 118	55,26	47 856	1 184 974	55,28	54,01	450 334	21,01	20,53	734 640	34,27	33,49	12 400	722 240	62,00	60,95
4 783 195	65,60	150 327	4 933 522	64,47	63,86	1 713 865	22,40	22,19	3 219 657	42,07	41,69	10 112	3 209 545	65,26	65,06
10 904 490	173,49	272 333	11 176 823	165,96	162,26	1 742 174	25,87	25,29	9 434 649	140,09	136,97	3 071	9 431 578	84,41	84,39
4 428 390	61,57	324 228	4 752 618	61,24	60,28	1 476 730	19,03	18,73	3 275 888	42,21	41,55	3 004	3 272 884	68,93	68,86
2 682 836	74,33	33 549	2 716 385	73,82	73,26	959 249	26,07	25,87	1 757 136	47,75	47,39	.	1 757 136	64,69	64,69
1 375 453	36,72	110 240	1 485 693	34,04	33,35	807 532	18,50	18,13	678 161	15,54	15,22	65 677	612 484	45,65	41,23
1 182 243	42,51	215 921	1 398 164	46,15	45,17	944 829	31,18	30,51	453 335	14,96	14,65	626	452 709	32,42	32,38
6 123 027	60,65	274 563	6 397 590	61,50	60,56	2 915 688	28,03	27,60	3 481 902	33,47	32,96	47 519	3 434 383	54,43	53,68
2 383 688	30,18	128 596	2 512 284	29,56	28,81	1 271 052	14,95	14,58	1 241 232	14,60	14,23	63 779	1 177 453	49,41	46,85
554 518	32,05	22 867	577 385	27,70	27,13	310 282	14,88	14,58	267 103	12,81	12,55	.	267 103	46,26	46,26
338 041	22,79	34 871	372 912	23,59	22,91	225 638	14,28	13,86	147 274	9,32	9,05	.	147 274	39,49	39,49
1 892 762	54,51	47 644	1 940 406	54,35	53,54	886 317	24,82	24,46	1 054 089	29,52	29,09	1 853	1 052 236	54,32	54,23
898 774	41,04	36 034	934 808	41,45	41,17	580 651	25,74	25,57	354 157	15,70	15,59	.	354 157	37,89	37,89
5 502 269	27,33	380 983	5 883 252	28,45	28,30	3 809 103	18,42	18,32	2 074 149	10,03	9,98	2 156	2 071 993	35,26	35,22
1 908 471	37,07	225 819	2 134 290	40,40	40,15	1 543 283	29,21	29,03	591 007	11,19	11,12	.	591 007	27,69	27,69
1 109 636	38,12	59 331	1 168 967	39,25	39,00	807 628	27,12	26,94	361 339	12,13	12,05	544	360 795	30,91	30,87
904 219	53,15	234 867	1 139 086	60,73	59,52	479 089	25,54	25,03	659 997	35,19	34,48	.	659 997	58,82	58,82
507 193	37,62	96 816	604 009	42,67	42,32	376 086	26,57	26,35	227 923	16,10	15,97	3 000	224 923	37,74	37,24
2 597 838	41,16	181 370	2 779 208	42,93	42,63	1 637 073	25,29	25,11	1 142 135	17,64	17,52	1 970	1 140 165	41,10	41,02
1 219 555	38,13	27 055	1 246 610	38,38	37,81	735 348	22,64	22,30	511 262	15,74	15,51	4 046	507 216	41,01	40,69
.	.	12 876	12 876	.	.	44 823	.	.	*31 947*	.	.	.	*31 947*	.	.
.	.	.	.	.	.	11 091	.	.	*11 091*	.	.	.	*11 091*	.	.
.	.	52 959	52 959	.	.	120 268	.	.	*67 309*	.	.	17 364	*84 673*	.	.
110 383 666	43,22	6 704 394	117 088 060	42,89	41,11	50 485 815	18,50	17,73	66 602 245	24,40	23,39	4 618 895	61 983 350	56,88	52,94

Tabelle 45a.

Übersicht des Ertrages aus der Holznutzung in den einzelnen Regierungs-Bezirken für das Hektar der zur Holzzucht bestimmten Fläche für die Etatsjahre 1901 bis 1904.

Laufende Nummer	Regierungsbezirk	Ertrag aus dem Holze (einschl. des Taxverlustes für Freiholzabgaben) für das Hektar der zur Holzzucht bestimmten Fläche (einschl. der dem Staate anteilig gehörenden Waldungen)				Reihenfolge der Bezirke nach dem Ertrage aus dem Holze für das ha des Holzbodens im Etatsjahre 1904		
		Etatsjahr 1901	Etatsjahr 1902	Etatsjahr 1903	Etatsjahr 1904	Lfd. Nr.		Mark
		Mark						
1.	2.	3.	4.	5.	6.	7.	8.	8.
1	Königsberg	33,69	29,65	38,87	37,30	1	Osnabrück	22,79
2	Gumbinnen	27,11	26,87	32,76	29,65	2	Danzig	24,55
3	Danzig	20,70	18,45	30,13	24,55	3	Köslin	26,97
4	Marienwerder	29,88	26,16	35,95	36,94	4	Cassel	27,33
5	Potsdam	38,74	36,98	43,81	41,45	5	Gumbinnen	29,65
6	Frankfurt a. O.	38,60	35,01	46,13	44,19	6	Lüneburg	30,18
7	Stettin	46,29	39,56	58,24	43,36	7	Stade	32,05
8	Köslin	25,91	23,99	28,68	26,97	8	Stralsund	32,48
9	Stralsund	33,44	29,20	34,10	32,48	9	Posen	34,07
10	Posen	29,25	27,65	34,76	34,07	10	Bromberg	34,16
11	Bromberg	30,58	23,34	32,05	34,16	11	Schleswig	36,72
12	Breslau	56,18	56,30	61,83	68,03	12	Marienwerder	36,94
13	Liegnitz	48,54	56,95	51,95	55,26	13	Wiesbaden	37,07
14	Oppeln	42,35	40,18	77,99	65,60	14	Königsberg	37,30
15	Magdeburg	34,27	39,07	84,96	173,49	15	Cöln	37,62
16	Merseburg	48,94	43,11	50,18	61,57	16	Coblenz	38,12
17	Erfurt	83,17	69,83	68,83	74,33	17	Aachen	38,13
18	Schleswig	32,09	32,51	34,40	36,72	18	Arnsberg	41,04
19	Hannover	41,05	37,26	36,90	42,51	19	Trier	41,16
20	Hildesheim	50,93	51,46	52,81	60,65	20	Potsdam	41,45
21	Lüneberg	26,26	25,94	25,91	30,18	21	Hannover	42,51
22	Stade	30,17	30,02	30,80	32,05	22	Stettin	43,36
23	Osnabrück (mit Aurich)	20,26	18,49	17,98	22,79	23	Frankfurt a O.	44,19
24	Minden (mit Münster)	48,95	46,54	47,53	54,51	24	Düsseldorf	53,15
25	Arnsberg	43,09	37,06	38,40	41,04	25	Minden	54,51
26	Cassel	28,74	25,77	25,26	27,33	26	Liegnitz	55,26
27	Wiesbaden	41,03	36,49	35,20	37,07	27	Hildesheim	60,65
28	Coblenz	38,10	36,26	32,39	38,12	28	Merseburg	61,57
29	Düsseldorf	50,29	48,03	49,18	53,15	29	Oppeln	65,60
30	Cöln	45,54	43,69	34,73	37,62	30	Breslau	68,03
31	Trier	38,46	37,08	35,89	41,16	31	Erfurt	74,33
32	Aachen	31,52	28,24	31,01	38,13	32	Magdeburg	173,49
	Staat	35,91	33,25	41,10	43,22			

Tabelle 45 b.

Zusammenstellung der Einnahmen für Holz aus den Staatsforsten nach den einzelnen Bezirken im Etatsjahre 1904.

Laufende Nummer	Regierungsbezirk	Es hat betragen			
		die Isteinnahme für		der rechnungsmäßige Verlust gegen die Taxe durch Freiholz-Abgaben bei	
		Bau- und Nutzholz mit Nutzrinde	Brennholz	Bau- und Nutzholz mit Nutzrinde	Brennholz
1.	2.	3.	4.	5.	6.
1	Königsberg	5 429 461	1 516 577	4 978	218 688
2	Gumbinnen	4 220 402	1 320 872	6 636	213 483
3	Danzig	2 123 072	538 201	930	90 514
4	Marienwerder	6 720 890	1 340 837	1 137	175 090
5	Potsdam	6 559 058	1 847 937	1 568	68 278
6	Frankfurt a. O.	7 118 948	1 082 155	490	52 971
7	Stettin	3 635 044	959 357	565	38 903
8	Köslin	1 165 288	526 307	319	12 503
9	Stralsund	531 857	271 089	4 565	10 432
10	Posen	2 035 857	616 443	285	21 812
11	Bromberg	2 814 640	720 384	684	31 572
12	Breslau	3 200 850	671 796	1 234	24 991
13	Liegnitz	995 836	131 648	67	9 567
14	Oppeln	4 334 104	415 715	1 299	32 077
15	Magdeburg	10 314 892	565 369	455	23 774
16	Merseburg	3 640 173	768 038	185	19 994
17	Erfurt	2 001 822	663 804	675	16 535
18	Schleswig	773 921	587 125	636	13 771
19	Hannover	859 566	311 237	1 916	9 524
20	Hildesheim	4 771 984	1 098 695	564	251 784
21	Lüneburg	1 847 396	512 246	1 563	22 483
22	Stade	451 094	98 973	457	3 994
23	Osnabrück (mit Aurich)	282 466	53 561	.	2 014
24	Minden (mit Münster)	1 389 036	464 083	1 546	38 097
25	Arnsberg	681 833	213 326	139	3 476
26	Cassel	2 942 048	2 164 430	707	395 084
27	Wiesbaden	748 823	1 122 781	548	36 319
28	Coblenz	667 239	435 515	247	6 635
29	Düsseldorf	764 048	135 475	1 581	3 115
30	Cöln	424 403	81 298	502	990
31	Trier	1 528 150	1 058 304	528	10 856
32	Aachen	1 070 628	147 516	533	878
	Zusammen	86 044 829	22 441 094	37 539	1 860 204

Tabelle 46b. **Haupt-Übersicht der Ist-Einnahmen und**

Unter den dauernden Ausgaben sind der besseren Übersicht wegen diejenigen, rechnungsmäßig als einmalige und außerordentliche bezeichneten Ausgabebeträge mit nachgewiesen, welche zur Verstärkung dauernder Ausgabefonds dienten. Diese Beträge müssen daher, wenn die Übersicht in Übereinstimmung mit der von der Generalstaatskasse gelegten Forstverwaltungs-Rechnung gebracht werden soll, bei den dauernden Ausgaben ab- und bei den einmaligen und außerordentlichen bezw. außeretatsmäßigen Ausgaben zugesetzt werden.

Laufende Nummer	Regierungsbezirk (Akademie und General-Staatskasse)	Für Holz			Für Neben-Nutzungen	Aus der Jagd	Von Torf-gräbereien	Vom Tiergarten bei Cleve und dem Eichholz bei Arnsberg	Verschiedene andere Einnahmen
		Barer Erlös zur Kasse	Verlust gegen die Taxe durch Freiholz-Abgaben	Zusammen					
		Mark							
1.	2.	3.	4.	5.	6.	7.	8.	9.	10.
1	Königsberg	6 946 038	223 666	7 169 704	535 957	18 530	26 797	.	22 803
2	Gumbinnen	5 541 274	220 119	5 761 393	632 149	18 358	26 626	.	15 475
3	Danzig	2 661 273	91 444	2 752 717	132 422	7 520	2 940	.	7 681
4	Marienwerder	8 061 727	176 227	8 237 954	273 369	12 982	1 065	.	20 007
5	Potsdam	8 406 995	69 846	8 476 841	419 505	58 533	.	.	30 634
6	Frankfurt a. O.	8 201 103	53 461	8 254 564	307 525	20 033	3 685	.	14 205
7	Stettin	4 594 401	39 468	4 633 869	321 357	20 192	51 484	.	16 667
8	Köslin	1 691 595	12 822	1 704 417	83 375	7 957	2 462	.	2 475
9	Stralsund	802 946	14 997	817 943	58 469	9 482	.	.	1 337
10	Posen	2 652 300	22 097	2 674 397	131 771	8 285	4	.	3 618
11	Bromberg	3 535 024	32 256	3 567 280	177 387	6 477	2 589	.	6 061
12	Breslau	3 872 646	26 225	3 898 871	177 977	13 041	268	.	9 827
13	Liegnitz	1 127 484	9 634	1 137 118	38 860	2 830	964	.	5 202
14	Oppeln	4 749 819	33 376	4 783 195	114 182	11 186	.	.	24 959
15	Magdeburg	10 880 261	24 229	10 904 490	224 912	25 219	210	.	21 992
16	Merseburg	4 408 211	20 179	4 428 390	280 229	15 572	16 119	.	12 308
17	Erfurt	2 665 626	17 210	2 682 836	24 120	7 998	.	.	1 431
18	Schleswig	1 361 046	14 407	1 375 453	63 233	13 225	31 606	.	2 176
19	Hannover	1 170 803	11 440	1 182 243	37 723	7 858	6 253	.	164 087
20	Hildesheim	5 870 679	252 348	6 123 027	207 154	32 448	10	.	25 572
21	Lüneburg	2 359 642	24 046	2 383 688	99 716	11 559	4 268	.	13 053
22	Stade	550 067	4 451	554 518	15 288	3 137	2 662	.	1 780
23	Osnabrück (mit Aurich)	336 027	2 014	338 041	27 970	1 096	5 109	.	696
24	Minden (mit Münster)	1 853 119	39 643	1 892 762	34 819	7 001	1 436	.	4 388
25	Arnsberg	895 159	3 615	898 774	16 688	4 422	.	1 421	13 503
26	Cassel	5 106 478	395 791	5 502 269	225 679	40 539	16	.	114 749
27	Wiesbaden	1 871 604	36 867	1 908 471	110 394	22 774	.	.	92 651
28	Coblenz	1 102 754	6 882	1 109 636	18 556	8 836	.	.	31 939
29	Düsseldorf	899 523	4 696	904 219	201 918	12 806	.	19 247	896
30	Cöln	505 701	1 492	507 193	63 755	18 467	.	.	14 594
31	Trier	2 586 454	11 384	2 597 838	159 407	15 909	37	.	6 017
32	Aachen	1 218 144	1 411	1 219 555	14 110	6 903	24	.	6 018
33	Sigmaringen	.	.	.	.	.	.	.	12 876
34	General-Staatskasse	.	.	.	.	.	.	.	4 696
35	Berlin (Ministerial- pp. u. Baukommission)	.	.	.	.	.	.	.	.
	Zusammen	108 485 923	1 897 743	110 383 666	5 229 976	471 175	186 634	20 668	726 373

Ausgaben der Staatsforstverwaltung für das Etatsjahr 1904.

Hierfür sind zu berücksichtigen: 4 414 799 M. und zwar:

3 564 799 M. Ankaufsfonds, 250 000 M. Baufonds für Dienstgebäude, 400 000 M. und 200 000 M. Wegebaufonds.

Die Beträge, welche infolge der durch das Budget erteilten Ermächtigung dem Ankaufsfonds zur Verstärkung des Kulturfonds entnommen worden sind, sind bei letzterem nachgewiesen. (Für 1904: 1 247 795 M.)

Ertrag			Dauernde Ausgaben									Regierungsbezirk (Akademie und General-Staatskasse)
Rückzahlungen auf die zur wirtschaftlichen Einrichtung bei Übernahme oder anderweiter Ausstattung einer Stelle gewährten Vorschüsse	Von den Forst-Akademien	Rohertrag zusammen (Spalte 5—12)	Kosten der Verwaltung und des Betriebes									
			Besoldungen								Für Beamte der Nebenbetriebs-Anstalten	
			Für Oberforstmeister und Regierungs- und Forsträte		Für Oberförster, verwaltende Revierförster, den Verwalter des Tiergartens bei Cleve und den Verwalter der Olpe'r Forst		Für vollbeschäftigte Forstkassen-Rendanten		Für Revierförster, Förster, Hilfsförster und Waldwärter (einschl. Revierförster- und Hegemeister-Zulagen)			
			Stellenzahl	Mark	Stellenzahl	Mark	Stellenzahl	Mark	Stellenzahl¹)	Mark	Mark	
Mark												
11.	12.	13.	14.	15.	16.	17.	18.	19.	20.	21.	22.	
.	.	7 773 791	7	46 250	44	166 015	9	26 425	274	426 444	4 825	Königsberg.
.	.	6 454 001	6	33 900	42	151 917	12	33 541	230	374 406	4 750	Gumbinnen.
.	.	2 903 280	4	23 700	23	85 675	2	4 000	146	226 422	.	Danzig.
.	.	8 545 377	7	37 350	46	162 725	14	40 798	273	447 153	1 200	Marienwerder.
.	11 926	8 997 439	6	39 000	45	227 368	9	29 975	244	455 187	3 275	Potsdam.
.	.	8 600 012	6	40 800	40	185 900	11	35 890	229	386 708	.	Frankfurt a. O.
.	.	5 043 569	4	28 500	26	121 492	9	39 625	134	248 451	9 575	Stettin.
.	.	1 800 686	3	21 600	15	61 325	2	7 200	88	142 191	950	Köslin.
.	.	887 231	1	7 500	6	30 233	3	8 000	51	87 240	.	Stralsund.
.	.	2 818 075	3	19 350	18	61 425	2	7 800	107	173 591	.	Posen.
.	.	3 759 794	4	21 100	24	88 142	4	13 800	135	208 169	614	Bromberg.
.	.	4 099 984	3	21 450	16	75 325	5	17 400	109	199 663	.	Breslau.
.	.	1 184 974	1	6 900	5	23 900	.	.	42	79 211	.	Liegnitz.
.	.	4 933 522	3	19 200	18	85 450	5	17 700	109	200 600	2 600	Oppeln.
.	.	11 176 823	3	18 980	19	98 300	6	18 550	102	216 043	1 800	Magdeburg.
.	.	4 752 618	4	25 800	22	106 450	4	13 875	128	229 161	1 200	Merseburg.
.	.	2 716 385	3	19 950	14	56 485	1	4 200	76	134 331	.	Erfurt.
.	.	1 485 693	3	19 200	15	62 850	.	.	82	120 255	.	Schleswig.
.	.	1 398 164	4	27 000	28	115 425	1	1 800	112	174 630	.	Hannover.
.	9 379	6 397 590	7	43 350	42	179 525	5	18 150	192	355 160	.	Hildesheim.
.	.	2 512 284	4	22 500	23	97 775	.	.	117	209 589	.	Lüneburg.
.	.	577 385	1	6 300	7	25 825	.	.	35	60 219	.	Stade.
.	.	372 912	1	6 900	5	20 500	.	.	26	41 622	.	Osnabrück (mit Aurich).
.	.	1 940 406	3	18 300	12	49 325	1	2 200	77	129 449	.	Minden (mit Münster).
.	.	934 808	3	17 100	9	36 338	1	2 600	44	77 073	.	Arnsberg.
.	.	5 883 252	13	81 450	88	361 504	2	5 175	421	730 599	.	Cassel.
.	.	2 134 290	7	46 650	58	246 375	4	10 200	106	194 056	.	Wiesbaden.
.	.	1 168 967	4	22 800	12	46 100	.	.	78	145 718	.	Coblenz.
.	.	1 139 086	1	4 800	6	26 000	1	3 000	42	71 800	.	Düsseldorf.
.	.	604 009	1	6 900	4	21 800	.	.	25	38 392	.	Cöln.
.	.	2 779 208	5	29 700	18	72 475	2	4 800	118	218 038	.	Trier.
.	.	1 246 610	3	18 600	10	39 325	.	.	52	80 958	.	Aachen.
.	.	12 876	.	.	4	13 100	.	.	.	.	.	Sigmaringen.
48 263	.	52 959	.	.	.	.	.	.	.	.	.	General-Staatskasse. Berlin (Ministerial- pp. und Baukommission).
48 263	21 305	117 088 060	128	804 880	764	3 202 369	115	366 704	4004	6 882 529	30 789	Zusammen

¹) Ausschließlich 600 Hilfsförsterstellen.

Zu Tabelle

Dauernde Kosten der Verwaltung

Laufende Nummer	Regierungsbezirk (Akademie und General-Staatskasse)	Andere persönliche Ausgaben					Betrag aller Besoldungen und Vergütungen (Spalte 15, 17, 19 und 21—28)	Dienstaufwands-		
		Wohnungsgeldzuschüsse für die Beamten	Zur Remunerierung von Hilfsarbeitern im Forstverwaltungsdienste bei den Regierungen und bei den Oberförstern, sowie bei Forstvermessungen und Betriebsregulierungen	Zur Remunerierung von Forst-Hilfsaufsehern und zur zeitweisen Verstärkung des Forstschutzes	Vergütungen für die Gelderhebung und Auszahlung an nicht voll oder nur nebenamtlich beschäftigte Forstkassen-Rendanten und an Unter-Erheber	Außerordentliche Remunerationen und Unterstützungen	Vorschüsse an Forstbeamte zur wirtschaftlichen Einrichtung bei Übernahme oder anderweiter Ausstattung einer Stelle		Dienstaufwands-Entschädigungen für Oberforstmeister, Regierungs- und Forsträte und Oberförster	Stellenzulagen für Oberförster	Dienstaufwands-Entschädigungen für die voll beschäftigten Forstkassen-Rendanten
		Mark						Mark		
		23.	24.	25.	26.	27.	28.	29.	30.	31.	32.
1	Königsberg	6 708	19 884	121 091	24 897	8 897	.	851 436	95 204	4 800	12 400
2	Gumbinnen	6 144	11 951	128 903	8 013	10 120	.	763 645	88 695	6 900	17 100
3	Danzig	3 156	17 511	70 685	15 600	4 650	.	451 399	51 950	3 300	2 500
4	Marienwerder	6 468	15 193	144 305	5 259	9 650	.	870 101	98 069	5 800	20 150
5	Potsdam	6 564	42 081	82 710	13 814	11 810	.	911 784	92 149	1 933	14 550
6	Frankfurt a. O.	6 450	18 551	75 523	11 440	9 660	.	770 922	82 338	1 950	14 663
7	Stettin	5 245	8 551	23 146	6 890	4 500	.	495 975	52 350	375	11 900
8	Köslin	1 836	6 846	26 592	7 545	2 650	.	278 735	33 669	1 000	2 000
9	Stralsund	1 188	12 005	11 137	4 549	2 100	.	163 952	12 740	200	2 400
10	Posen	2 412	12 294	46 142	13 878	4 400	.	341 292	39 192	1 950	2 400
11	Bromberg	3 699	14 145	56 738	10 649	5 105	.	424 161	51 559	2 500	6 900
12	Breslau	4 020	7 787	27 398	5 565	3 700	.	362 308	33 174	1 400	6 850
13	Liegnitz	732	7 830	6 154	8 285	1 775	.	134 787	9 576	200	.
14	Oppeln	2 844	13 078	56 879	5 102	4 825	.	408 278	35 972	1 200	6 750
15	Magdeburg	2 616	20 191	30 301	10 472	5 050	.	422 303	34 820	300	5 500
16	Merseburg	3 024	5 585	37 710	20 325	4 170	.	447 200	42 420	400	4 300
17	Erfurt	2 280	7 216	21 305	9 720	2 450	.	257 937	27 261	1 200	1 900
18	Schleswig	2 196	5 476	21 062	9 170	2 550	.	242 758	33 908	1 575	.
19	Hannover	2 628	5 136	38 055	8 390	3 800	.	376 864	53 892	2 100	1 200
20	Hildesheim	5 868	15 728	45 595	12 550	6 600	.	682 526	82 181	2 925	8 850
21	Lüneburg	2 592	5 033	26 367	14 295	3 650	.	381 801	46 566	2 150	.
22	Stade	648	7 950	7 630	2 920	1 100	.	112 592	13 620	500	.
23	Osnabrück (mit Aurich)	660	4 459	8 274	2 540	900	.	85 855	9 659	300	.
24	Minden (mit Münster)	1 908	9 404	26 283	8 400	2 600	.	247 869	29 486	2 000	1 400
25	Arnsberg	1 980	5 590	9 340	4 837	1 900	.	156 758	20 798	1 100	1 400
26	Cassel	9 528	26 975	129 224	28 577	14 400	.	1 387 432	174 129	7 088	3 050
27	Wiesbaden	5 784	12 646	36 374	13 176	5 000	.	570 261	112 907	6 100	5 800
28	Coblenz	2 640	4 435	15 868	12 678	2 475	.	252 714	33 636	3 600	.
29	Düsseldorf	960	7 980	15 039	6 061	2 175	.	137 815	11 812	1 350	1 800
30	Cöln	900	9 450	18 510	1 534	1 000	.	98 485	9 130	800	.
31	Trier	4 038	17 364	46 494	8 250	3 931	.	405 089	46 952	3 350	3 000
32	Aachen	2 052	10 066	18 636	3 483	1 800	.	174 920	26 108	1 900	.
33	Sigmaringen	.	1 706	.	.	200	.	15 006	7 860	600	.
34	General-Staatskasse	.	.	.	.	200	46 900	47 100	45 090	.	.
35	Berlin (Ministerial- pp. und Baukommission)	.	.	.	.	.	.	.	.	.	.
	Zusammen	109 768	389 997	1 429 467	318 864	149 793	46 900	13 732 060	1 638 872	72 846	158 763

46 b.

Ausgaben

und des Betriebes

und Miets-Entschädigungen				Betriebskosten						Regierungsbezirk
Dienstaufwands-Entschädigungen, Stellenzulagen, Pferdehaltungs- und Kahn-Unterhaltungszulagen für Revierförster, Förster und Waldwärter	Dienstaufwands-Entschädigungen und Stellenzulagen für Beamte bei den Nebenbetriebs-Anstalten	Miets-Entschädigungen wegen fehlender Dienstwohnungen für Oberförster, Förster, Torfmeister usw.	Zusammen (Spalte 30—35)	Für Werbung und Transport von Holz und anderen Forstprodukten	Zur Unterhaltung und zum Neubau der Gebäude und zur Beschaffung noch fehlender Gebäude	Zur Unterhaltung und zum Neubau der öffentlichen Wege in den Forsten	Beihilfen zu Chaussee- und anderen Wege- und Brückenbauten und zur Anlegung von Eisenbahngüter-Haltestellen, welche von Interesse für die Forstverwaltung sind	Zu Wasserbauten in den Forsten	Zu Forstkulturen und zur Verbesserung der Forstgrundstücke	(Akademie und General-Staatskasse)
Mark				Mark						
33.	34.	35.	36.	37.	38.	39.	40.	41.	42.	
53 394	.	6 900	172 698	799 210	210 430	116 897	95 650	15 527	654 188	Königsberg.
47 077	400	3 268	163 440	913 541	136 971	129 059	46 043	6 958	561 914	Gumbinnen.
38 857	.	2 728	99 335	287 815	147 416	56 352	.	.	286 434	Danzig.
74 506	800	6 825	206 150	629 974	163 337	98 945	31 910	119	519 193	Marienwerder.
46 122	250	9 726	164 730	876 043	224 712	147 553	23 300	2 401	519 504	Potsdam.
39 720	.	8 295	146 966	693 151	133 976	138 921	22 800	9 724	420 545	Frankfurt a. O.
23 170	1 275	4 795	93 865	441 248	101 411	71 666	39 057	.	219 879	Stettin.
17 340	100	1 710	55 819	176 395	52 233	18 731	13 168	.	138 999	Köslin.
8 630	.	2 151	26 121	164 996	57 579	18 849	204	.	104 009	Stralsund.
29 775	.	385	73 702	364 279	83 675	25 745	2 242	89	193 136	Posen.
38 415	.	4 266	103 640	270 099	100 687	34 854	4 000	2 878	270 172	Bromberg.
20 011	.	5 807	67 242	460 774	48 450	57 579	622	722	214 567	Breslau.
7 564	.	2 073	19 413	127 383	25 161	29 485	.	4 803	61 312	Liegnitz.
19 255	950	4 585	68 712	790 372	54 300	28 368	1 044	7 049	199 493	Oppeln.
18 350	50	8 203	67 223	873 444	45 289	51 402	2 679	75	146 689	Magdeburg.
22 600	100	4 357	74 177	408 886	75 693	46 908	5 051	.	292 720	Merseburg.
20 650	.	5 051	56 062	343 072	51 622	32 441	3 082	2 393	130 032	Erfurt.
18 200	.	3 368	57 051	274 131	27 530	10 746	4 000	483	99 702	Schleswig.
23 600	.	10 553	91 345	183 534	39 116	9 158	1 000	271	96 637	Hannover.
51 843	.	9 887	155 686	1 058 246	105 167	100 818	9 200	488	376 461	Hildesheim.
29 475	.	5 886	84 077	371 548	74 352	38 699	4 739	445	191 289	Lüneburg.
7 525	.	1 200	22 845	79 774	11 186	2 066	189	14	46 276	Stade.
6 750	.	410	17 119	48 833	7 827	1 764	.	132	37 314	Osnabrück (mit Aurich).
22 900	.	4 841	60 627	278 887	50 586	19 433	13	.	132 532	Minden (mit Münster).
15 250	.	1 952	40 500	116 760	41 537	35 875	4 287	800	76 867	Arnsberg.
143 395	.	15 720	343 382	922 394	184 824	100 051	8 588	3 398	643 330	Cassel.
35 200	.	7 922	167 929	378 827	78 512	16 941	5 146	905	161 416	Wiesbaden.
25 763	.	8 694	71 693	191 186	50 939	24 340	710	.	109 350	Coblenz.
12 050	.	2 546	29 558	108 999	26 994	8 457	4 000	4 134	66 801	Düsseldorf.
7 950	.	1 472	19 352	85 258	10 510	12 671	.	.	54 262	Cöln.
39 543	.	7 953	100 797	423 026	117 301	83 257	7 073	171	231 289	Trier.
16 630	.	3 643	48 281	157 382	56 433	37 023	6 000	.	134 805	Aachen.
.	.	2 498	10 958	.	18 018	.	.	.	.	Sigmaringen.
.	.	.	45 090	.	.	.	.	.	.	General-Staatskasse.
										Berlin (Ministerial- pp. und Baukommission.
981 509	3 925	169 670	3 025 585	13 299 467	2 613 774	1 605 054	345 797	63 979	7 391 118	Zusammen

Zu Tabelle

Dauernde

Laufende Nummer	Regierungsbezirk (Akademie und General-Staatskasse)	Kosten der Verwaltung und des Betriebes									Betrag der Verwaltungs- und Betriebskosten (Spalte 29, 36 und 51)
		Betriebskosten									
		Zu Forstvermessungen und Betriebsregulierungen	Jagdverwaltungskosten und Wildschaden-Ersatzgelder	Für Torfgräbereien	Für den Tiergarten bei Cleve und das Eichholz bei Arnsberg	Zu Separationen und Regulierungen, Prozeßkosten, Druckkosten und andere vermischte Ausgaben, bei denen keine Löhne vorkommen	Zur Bezeichnung und Berichtigung der Grenzen, Vorflutkosten, Holzverkaufs- und Verpachtungskosten, Botenlöhne und sonstige Ausgaben, bei denen Löhne vorkommen	Umzugskosten, Tagegelder und Reisekosten	Kosten für Vertilgung schädlicher Tiere	Zusammen (Spalte 37 bis 50)	
		Mark									
		43.	44.	45.	46.	47.	48.	49.	50.	51.	52.
1	Königsberg	10 802	605	4 834	.	7 350	33 837	10 849	54 376	2 014 555	3 038 689
2	Gumbinnen	1 163	7 964	18 178	.	8 362	48 277	13 599	48 968	1 940 997	2 868 082
3	Danzig	1 790	142	.	.	6 833	6 038	7 764	8 993	809 577	1 360 311
4	Marienwerder . . .	1 507	513	.	.	9 539	15 948	10 879	32 653	1 514 517	2 590 768
5	Potsdam	4 025	10 647	.	.	8 673	18 876	9 956	17 524	1 863 214	2 939 728
6	Frankfurt a. O. . . .	1 524	4 277	2 613	.	5 955	13 359	11 919	43 000	1 501 764	2 419 652
7	Stettin	505	412	18 037	.	5 489	10 047	5 791	2 784	916 295	1 506 135
8	Köslin	291	208	46	.	1 019	5 797	4 764	4 164	415 815	750 369
9	Stralsund	684	1 454	.	.	726	6 690	2 989	637	358 817	548 890
10	Posen	772	3 245	.	.	8 117	15 676	6 752	10 758	714 486	1 129 480
11	Bromberg	1 315	974	.	.	10 784	10 290	9 448	16 189	731 690	1 259 491
12	Breslau	532	1 971	300	.	10 366	10 383	2 302	24 090	832 658	1 262 208
13	Liegnitz	168	175	21	.	1 530	5 196	2 805	7 628	265 667	419 867
14	Oppeln	1 059	1 277	.	.	4 048	37 964	3 217	27 519	1 155 710	1 632 700
15	Magdeburg	.	6 299	.	.	3 019	7 676	1 947	37 181	1 175 700	1 665 226
16	Merseburg	1 411	508	13 148	.	3 537	20 763	4 005	9 355	881 985	1 403 362
17	Erfurt	604	4 186	.	.	2 552	3 026	3 368	3 607	579 985	893 984
18	Schleswig	651	1	1 680	.	2 379	13 341	4 248	1 151	440 043	739 852
19	Hannover	277	575	454	.	3 190	3 472	4 451	1 738	343 873	812 082
20	Hildesheim	318	13 728	.	.	7 796	5 881	6 793	4 803	1 689 699	2 527 911
21	Lüneburg	19	997	770	.	3 558	14 937	4 428	3 264	709 045	1 174 923
22	Stade	88	.	315	.	1 178	1 646	686	816	144 234	279 671
23	Osnabrück (mit Aurich)	.	.	292	.	369	1 839	1 573	1 684	101 628	204 602
24	Minden (mit Münster)	817	1 854	.	.	4 248	5 873	2 344	968	497 555	806 051
25	Arnsberg	2 720	57	.	1 888	981	1 614	1 582	.	284 968	482 226
26	Cassel	1 395	6 071	65	.	13 349	11 695	15 491	8 153	1 918 804	3 649 618
27	Wiesbaden	361	942	.	.	3 102	4 207	5 131	687	656 177	1 394 367
28	Coblenz	228	327	.	.	4 792	2 788	3 099	424	388 183	712 590
29	Düsseldorf	.	168	.	11 289	1 202	4 193	930	37	237 204	404 577
30	Cöln	.	316	.	.	538	2 797	630	616	167 598	285 435
31	Trier	2 808	3 328	.	.	4 844	8 911	6 325	2 578	890 911	1 396 797
32	Aachen	3 544	709	.	.	1 945	7 397	1 661	936	407 835	631 036
33	Sigmaringen	.	.	.	.	51	.	.	.	18 069	44 033
34	General-Staatskasse .	.	.	.	.	9 883	.	10 850	.	20 733	112 923
35	Berlin (Ministerial- pp. und Baukommission) .	.	.	.	.	.	.	.	.	.	.
	Zusammen	41 378	73 930	60 753	13 177	161 273	360 434	182 576	377 281	26 589 991	43 347 636

46 b.

Ausgaben

Zu forstwissenschaftlichen und Lehrzwecken			Allgemeine Ausgaben								Regierungs-bezirk (Akademie und General-Staats-kasse)
Besoldungen und andere persönliche Ausgaben	Sonstige Ausgaben	Zusammen (Spalte 53 und 54)	Real- und Kommunallasten und Kosten der örtlichen Kommunal- und Polizei-Verwaltung in fiskalischen Guts- und Amtsbezirken	Ablösungsrenten und zeitweise Vergütungen an Stelle von Naturalabgaben	Beiträge zur Krankenversicherung der Arbeiter, Ausgaben auf Grund der Unfallversicherungs-gesetze usw. und des Gesetzes über die Invalidenversicherung und Beiträge zum Pensionskassenverbande für Gemeindeforstschutzbeamte im Regierungsbezirk Wiesbaden	Zu Unterstützungen für ausgeschiedene Beamte, sowie zu Pensionen und Unterstützungen für Witwen und Waisen von Beamten	Kosten der bem Forstfiskus auf Grund rechtlicher Verpflichtung obliegenden Armenpflege	Zu Unterstützungen aus sonstiger Veranlassung, einschließl. zu einmaligen Unterstützungen für Personen, welche, ohne die Eigenschaft von Beamten zu haben, im Dienste d. Forstverwalt. beschäftigt sind, sowie für Hinterbliebene solcher Personen	Zum Ankauf von Grundstücken zu den Forsten	Zusammen (Spalte 56 bis 62)	
Mark											
53.	54.	55.	56.	57.	58.	59.	60.	61.	62.	63.	
.	.	.	116 648	76 549	38 238	15 634	18 373	2 040	454 419	721 901	Königsberg.
.	.	.	129 644	2 858	45 089	12 548	6 462	1 580	587 915	786 096	Gumbinnen.
.	.	.	38 489	17 548	20 426	6 534	3 152	570	464 942	551 661	Danzig.
.	.	.	82 881	40 206	30 159	8 335	10 051	970	66 580	239 182	Marienwerder.
94 213	52 768	146 981	116 171	56 017	43 537	20 454	6 639	1 060	1 853	245 731	Potsdam.
.	.	.	88 343	2 122	28 069	8 169	5 470	1 470	1 070 089	1 203 732	Frankfurt a. O.
.	.	.	41 801	73 668	21 588	6 566	4 389	200	.	148 212	Stettin.
.	.	.	18 177	2 742	9 601	2 442	1 883	420	255 478	290 743	Köslin.
.	.	.	21 515	679	8 627	2 077	1 807	250	.	34 955	Stralsund.
.	.	.	22 964	2 293	12 142	3 523	4 317	895	2 038	48 172	Posen.
.	.	.	30 442	1 167	12 396	6 462	4 263	700	391 658	447 088	Bromberg.
.	.	.	44 532	19 720	24 002	7 620	312	600	2 639	99 425	Breslau.
.	.	.	11 729	3 661	8 006	4 930	558	120	1 463	30 467	Liegnitz.
1 312	1 047	2 359	36 275	5 590	21 551	8 609	984	510	5 287	78 806	Oppeln.
.	.	.	54 542	2 902	16 300	1 995	459	750	.	76 948	Magdeburg.
.	.	.	43 901	9 193	13 878	4 996	.	1 400	.	73 368	Merseburg.
.	.	.	16 514	2 038	11 914	2 020	.	300	32 479	65 265	Erfurt.
.	.	.	31 724	11 402	13 238	4 087	2 070	200	4 959	67 680	Schleswig.
.	.	.	43 504	70 536	10 827	7 380	.	500	.	132 747	Hannover.
61 932	31 288	93 220	105 110	117 015	31 373	6 188	32 818	1 998	55	294 557	Hildesheim.
.	4 006	4 006	65 474	3 948	15 573	3 543	255	750	2 580	92 123	Lüneburg.
.	.	.	24 931	867	3 521	1 142	.	150	.	30 611	Stade.
.	.	.	15 299	1 203	3 461	696	277	100	.	21 036	Osnabrück (m. Aurich).
.	.	.	63 794	1 442	10 771	3 232	.	850	177	80 266	Minden (m. Münster).
.	.	.	41 669	1 136	6 532	1 236	.	60	47 792	98 425	Arnsberg.
.	.	.	85 379	2 877	48 008	16 535	.	1 400	5 286	159 485	Cassel.
.	.	.	109 761	6 637	15 988	4 105	.	300	12 125	148 916	Wiesbaden.
.	.	.	43 145	4 754	10 449	1 660	.	250	34 780	95 038	Coblenz.
.	.	.	62 455	3 097	5 330	1 030	.	200	2 400	74 512	Düsseldorf.
.	.	.	30 617	2 897	2 939	2 580	.	100	51 518	90 651	Cöln.
.	.	.	149 192	38 455	21 815	3 013	.	550	27 251	240 276	Trier.
.	.	.	54 550	4 442	4 842	1 142	.	300	39 036	104 312	Aachen.
.	.	.	.	790	.	.	.	.	.	790	Sigmaringen.
3 700	1 525	5 225	.	.	.	2 120	.	.	.	2 120	General-Staatsk.
.	.	.	.	.	.	10 695	.	396	.	11 091	Berlin (Minist. pp. u. Baukommission).
161 157	90 634	251 791	1 841 172	590 451	570 190	193 298	104 539	21 939	3 564 799	6 886 388	Zusammen

Zu Tabelle

Laufende Nummer	Regierungsbezirk (Akademie und General-Staatskasse)	Betrag der dauernden Ausgaben (Spalte 52, 55 und 63)	Rein-Ertrag ohne Berücksichtigung der einmaligen Ausgaben (Spalte 13 weniger 64) *Die schrägen Zahlen sind Minuszahlen*	Einmalige und außerordentliche bezw.					
				Zur Ablösung von Forst-Servituten, Reallasten und Passiv-Renten	Zum Ankauf und zur ersten Einrichtung von Grundstücken zu den Forsten	Zur versuchsweisen Beschaffung von Insthäusern für Arbeiter	Zur Herstellung von Fernsprechanlagen	Zur Anlage und zur Beteiligung an Anlagen von Kleinbahnen usw.	Beitrag zur Herstellung einer unmittelbaren Wasserverbindung zwischen dem Teltowkanal und dem Wannsee usw.
		Mark	Mark	Mark					
		64.	65.	66.	67.	68.	69.	70.	71.
1	Königsberg	3 760 590	4 013 201	34 431	6 500	9 070	9 922	.	.
2	Gumbinnen	3 654 178	2 799 823	18 283	27 637	27 198	7 956	.	.
3	Danzig	1 911 972	991 308	4 753	5 765	5 281	7 994	.	.
4	Marienwerder	2 829 950	5 715 427	57 399	5 512	29 600	7 605	17 000	.
5	Potsdam	3 332 440	5 664 999	6 578	174 678	.	4 075	.	150 000
6	Frankfurt a. O.	3 623 384	4 976 628	4 388	48 609	2 000	8 599	.	.
7	Stettin	1 654 347	3 389 222	3 634	.	.	5 250	.	.
8	Köslin	1 041 112	759 574	100	1 213 191	.	4 693	.	.
9	Stralsund	583 845	303 386	225	.	.	.	.	.
10	Posen	1 177 652	1 640 423	.	6 584	7 477	9 999	.	.
11	Bromberg	1 706 579	2 053 215	250	6 020	.	8 079	.	.
12	Breslau	1 361 633	2 738 351	12 111	.	.	.	1 500	.
13	Liegnitz	450 334	734 640	.	7 800	.	4 600	.	.
14	Oppeln	1 713 865	3 219 657	4 700	.	5 412	.	.	.
15	Magdeburg	1 742 174	9 434 649	.	.	.	3 071	.	.
16	Merseburg	1 476 730	3 275 888	3 004	.	.	.	.	.
17	Erfurt	959 249	1 757 136	.	.	.	.	.	.
18	Schleswig	807 532	678 161	2 889	.	.	2 788	60 000	.
19	Hannover	944 829	453 335	.	.	.	.	.	.
20	Hildesheim	2 915 688	3 481 902	37 995	.	4 270	5 254	.	.
21	Lüneburg	1 271 052	1 241 232	33 237	.	50	5 492	25 000	.
22	Stade	310 282	267 103	.	.	.	.	.	.
23	Osnabrück (mit Aurich)	225 638	147 274	.	.	.	.	.	.
24	Minden (mit Münster)	886 317	1 054 089	1 853	.	.	.	.	.
25	Arnsberg	580 651	354 157	.	.	.	.	.	.
26	Cassel	3 809 103	2 074 149	1 746	.	.	410	.	.
27	Wiesbaden	1 543 283	591 007	.	.	.	.	.	.
28	Coblenz	807 628	361 339	.	.	.	.	.	.
29	Düsseldorf	479 089	659 997	.	.	.	.	.	.
30	Cöln	376 086	227 923	3 000	.	.	.	.	.
31	Trier	1 637 073	1 142 135	.	.	.	1 970	.	.
32	Aachen	735 348	511 262	.	.	.	4 046	.	.
33	Sigmaringen	44 823	*31 947*	.	.	.	.	.	.
34	General-Staatskasse	120 268	*67 309*	.	.	.	88	.	.
35	Berlin (Ministerial- pp. und Baukommission)	11 091	*11 091*	.	.	.	.	.	.
	Zusammen	50 485 815	66 602 245	230 576	1 502 296	90 358	101 891	103 500	150 000

46 b.

außeretatsmäßige Ausgaben					Bleibt Rein-Ertrag		Mithin beträgt der Rein-Ertrag (Spalte 78) vom baren Roh-Ertrage (Spalte 13 weniger 4)	Regierungsbezirk (Akademie und General-Staatskasse)
Zu Vorarbeits- kosten für eine im Zuge der Straße von Charlotten- burg nach Döberitz aus- zuführende Brücke über die Havel	Zum Ankauf und zur ersten Ein- richtung von in den Provinzen Westpreußen und Posen belegenen Gütern als Grundstücke zu den Forsten	Für die Beteiligung der preußischen Staatsforst- verwaltung an der Welt- ausstellung in St. Louis	Mehr- ausgaben infolge vorzeitiger Besetzung von Forst- dienststellen, deren In- haber vor dem Zeitpunkte der bereits verfügt ge- wesenen Pen- sionierung gestorben sind	Zusammen (Spalte 66—75)	a) im ganzen (Spalte 65 weniger 76)	b) nach Abzug des Wertes der Freiholz- Abgaben (Spalte 77 weniger 4) *Die schrägen Zahlen sind Minuszahlen*		
Mark					Mark		%	
72.	73.	74.	75.	76.	77.	78.	79.	
.	.	.	.	59 923	3 953 278	3 729 612	49,40	Königsberg.
.	.	.	.	81 074	2 718 749	2 498 630	40,08	Gumbinnen.
.	921 965	.	.	945 758	45 550	*45 894*	.	Danzig.
.	1 210 253	.	.	1 327 369	4 388 058	4 211 831	50,33	Marienwerder.
1 927	.	1 223	.	338 481	5 326 518	5 256 672	58,88	Potsdam.
.	.	.	.	63 596	4 913 032	4 859 571	56,86	Frankfurt a. O.
.	.	.	.	8 884	3 380 338	3 340 870	66,76	Stettin.
.	.	.	.	1 217 984	*458 410*	*471 232*	.	Köslin.
.	.	.	.	225	303 161	288 164	33,04	Stralsund.
.	135 472	.	.	159 532	1 480 891	1 458 794	52,17	Posen.
.	150 988	.	.	165 337	1 887 878	1 855 622	49,78	Bromberg.
.	.	.	.	13 611	2 724 740	2 698 515	66,24	Breslau.
.	.	.	.	12 400	722 240	712 606	60,63	Liegnitz.
.	.	.	.	10 112	3 209 545	3 176 169	64,82	Oppeln.
.	.	.	.	3 071	9 431 578	9 407 349	84,35	Magdeburg.
.	.	.	.	3 004	3 272 884	3 252 705	68,73	Merseburg.
.	.	.	.	.	1 757 136	1 739 926	64,46	Erfurt.
.	.	.	.	65 677	612 484	598 077	40,72	Schleswig.
.	.	.	626	626	452 709	441 269	30,38	Hannover.
.	.	.	.	47 519	3 434 383	3 182 035	51,78	Hildesheim.
.	.	.	.	63 779	1 177 453	1 153 407	46,35	Lüneburg.
.	.	.	.	.	267 103	262 652	45,84	Stade.
.	.	.	.	.	147 274	145 260	39,16	Osnabrück (mit Aurich).
.	.	.	.	1 853	1 052 236	1 012 593	53,27	Minden (mit Münster).
.	.	.	.	.	354 157	350 542	37,64	Arnsberg.
.	.	.	.	2 156	2 071 993	1 676 202	30,55	Cassel.
.	.	.	.	.	591 007	554 140	26,42	Wiesbaden.
.	.	.	544	544	360 795	353 913	30,46	Coblenz.
.	.	.	.	.	659 997	655 301	57,77	Düsseldorf.
.	.	.	.	3 000	224 923	223 431	37,08	Cöln.
.	.	.	.	1 970	1 140 165	1 128 781	40,78	Trier.
.	.	.	.	4 046	507 216	505 805	40,62	Aachen.
.	.	.	.	.	*31 947*	*31 947*	.	Sigmaringen.
.	.	17 276	.	17 364	*84 673*	*84 673*	.	General-Staatskasse.
.	.	.	.	.	*11 091*	*11 091*	.	Berlin (Ministerial- pp. und Baukommission).
1 927	2 418 678	18 499	1 170	4 618 895	61 983 350	60 085 607	52,16	Zusammen

Tabelle
Übersicht über die Einnahmen und Ausgaben

Nummer	Regierungsbezirk	Flächeninhalt (in Übereinstimmung mit Nachweisung 37c)			Roh-Einnahme (Isteinnahme außer Einnahme für Jagd zuzüglich Taxverlust für Freiholzabgaben)			Istausgabe				Einnahme-überschuß	
		a. Holzboden	b. Nichtholzboden	Zusammen (a + b)	im ganzen		für 1 ha der Gesamtfläche (Sp. 3)	Personalaufwand für Verwaltung und Schutz (außer Kassenführung)	Aufwand für den Betrieb	Summe		im ganzen (Sp. 4—8)	für 1 ha der Gesamtfläche (Sp. 3)
										im ganzen (Sp. 6 u. 7)	in % der Roheinnahme		
		Hektar			Mark	Pf.		Mark			%	Mark	Pf.
		1.	2.	3.	4.	5.		6.	7.	8.	9.	10.	11.
1	Königsberg	192 214	58 446	250 660	7 755 261	30 94		1 195 624	2 046 219	3 241 843	41 80	4 513 418	18 01
2	Gumbinnen	194 313	49 351	243 664	6 435 643	26 41		1 016 977	1 979 443	2 996 420	46 56	3 439 223	14 11
3	Danzig	112 140	12 431	124 571	2 895 760	23 25		688 102	736 255	1 424 357	49 19	1 471 403	11 81
4	Marienwerder	223 015	27 089	250 104	8 532 395	34 12		1 180 274	1 513 028	2 693 302	31 60	5 839 093	23 35
5	Potsdam	204 482	22 314	226 796	8 938 905	39 41		1 260 863	1 851 055	3 111 918	34 92	5 826 987	25 69
6	Frankfurt a. O.	¹)186 809	¹)15 136	¹)201 945	8 579 978	42 49		1 011 331	1 475 695	2 487 026	28 99	6 092 952	30 17
7	Stettin	²)106 881	²)12 038	²)118 919	5 023 377	42 24		634 265	952 054	1 586 319	31 18	3 437 058	28 90
8	Köslin	³)63 188	³)6 766	³)69 954	1 792 729	25 63		364 463	404 002	768 465	42 87	1 024 264	14 64
9	Stralsund	25 182	3 000	28 182	877 749	31 15		214 277	352 519	566 796	64 60	310 953	11 03
10	Posen	78 491	7 977	86 468	2 826 360	32 69		484 054	663 805	1 147 859	40 .	1 678 501	19 41
11	Bromberg	104 439	8 645	113 084	3 753 318	33 19		608 342	686 966	1 295 308	34 51	2 458 010	21 74
12	Breslau	57 309	4 865	62 174	4 086 943	65 73		462 607	863 353	1 325 960	32 44	2 760 983	44 41
13	Liegnitz	20 577	1 362	21 939	1 182 145	53 89		182 064	258 348	440 412	37 26	741 733	33 81
14	Oppeln	72 918	4 315	77 233	4 922 336	63 73		515 177	1 160 014	1 675 191	34 04	3 247 145	42 04
15	Magdeburg	62 854	6 026	68 880	11 151 604	161 90		504 585	1 195 151	1 699 736	15 24	9 451 868	137 22
16	Merseburg	71 917	6 926	78 843	4 737 046	60 08		562 983	873 551	1 436 534	30 33	3 300 512	41 86
17	Erfurt	36 096	984	37 080	2 708 387	73 04		356 586	549 878	906 464	33 47	1 801 923	48 60
18	Schleswig	37 452	7 100	44 552	1 472 469	33 05		322 368	471 034	793 402	53 88	679 067	15 24
19	Hannover	27 810	3 141	30 951	1 233 008	39 84		329 232	424 156	753 388	61 10	479 620	15 50
20	Hildesheim	100 950	4 684	105 634	6 365 142	60 26		908 138	1 859 368	2 767 506	43 50	3 597 636	34 06
21	Lüneburg	78 970	8 237	87 207	2 500 725	28 68		530 376	717 432	1 247 808	49 93	1 252 917	14 37
22	Stade	17 301	3 981	21 282	574 246	26 98		145 212	162 149	307 361	53 52	266 885	12 54
23	Osnabrück und Aurich	14 832	1 443	16 275	371 816	22 85		111 350	111 747	223 097	60 .	148 719	9 14
24	Minden und Münster	34 723	1 517	36 240	1 933 405	53 35		353 063	518 906	871 969	45 10	1 061 436	29 29
25	Arnsberg	21 898	806	22 704	930 385	40 98		233 553	290 054	523 607	55 58	406 778	17 92
26	Cassel	201 320	6 561	207 881	5 842 713	28 11		1 912 137	1 848 807	3 760 944	64 37	2 081 769	10 01
27	Wiesbaden	51 480	1 673	53 153	2 111 516	39 72		802 236	697 641	1 499 877	71 03	611 639	11 51
28	Coblenz	29 111	865	29 976	1 160 131	38 02		372 181	387 663	759 844	65 40	400 287	13 50
29	Düsseldorf	17 012	2 127	19 139	1 126 280	58 85		188 563	277 097	465 660	41 34	660 620	34 52
30	Cöln	13 481	792	14 273	585 541	41 02		132 410	190 308	322 718	55 11	262 823	18 41
31	Trier	63 108	2 087	65 195	2 763 299	42 39		616 975	972 821	1 589 796	57 53	1 173 503	18 .
32	Aachen	31 986	986	32 972	1 242 020	37 67		283 096	409 024	692 120	55 73	549 900	16 68
	Zusammen	2 554 259	293 671	2 847 930	116 412 632	40 88		18 483 464	26 899 543	45 383 007	38 98	71 029 625	24 94

¹) einschl. Steinbusch. — ²) einschl. Wedelsdorf. — ³) ausschl. Wedelsdorf.

46 c.
der Staatsforsten im Etatsjahre 1904.

Unter den Einnahmen sind begriffen						Unter den Ausgaben sind begriffen									
Holzertrag (Isteinnahme einschließlich Taxverlust für Freiholzabgaben)						Personalaufwand				sachlicher Aufwand					
		hiervon				für Lokalverwaltung (höhere Beamte)		für Forstschutz (mittlere und Unterbeamte)		Holzhauer- und Rückerlöhne (Kap. 2 Tit. 16 voll)	Forstkulturkosten mit Ausschluß der Wegebaukosten, Fischereikosten und der Kosten für landwirtschaftliche Meliorationen		Baukosten für Wege, Triftanlagen und Waldbahnen		Kosten für Arbeiterversicherung (Kap. 4 Tit. 2 a voll)
im ganzen	für 1 ha der Holzbodenfläche (Sp. 1)	Nutzholz		Brennholz		Isteinnahme aus Forstnebennutzungen (Kap. 2 Tit. 2, 4, 8 u. 10)	im ganzen	für 1 ha der Gesamtfläche (Sp. 3)	im ganzen	für 1 ha der Gesamtfläche (Sp. 3)		im ganzen	für 1 ha Holzboden (Sp. 1)	im ganzen	für 1 ha Holzboden (Sp. 1)	
Mark	%	Mark	%			Mark									
12.	13.	14.	15.	16.	17.	18.	19.	20.	21.	22.	23.	24.	25.	26.	27.	28.
7 169 704	37,30	5 434 439	76	1 735 265	24	562 754	201 057	0,80	633 634	2,53	799 210	487 461	2,54	319 818	1,66	38 238
5 761 393	29,65	4 227 038	73	1 534 355	27	658 775	244 294	1,00	578 136	2,37	913 541	305 331	1,57	310 219	1,60	45 089
2 752 717	24,55	2 124 002	77	628 715	23	135 363	138 516	1,11	348 088	2,79	287 815	204 891	1,83	124 617	1,11	20 426
8 237 954	36,94	6 722 027	82	1 515 927	18	274 433	260 627	1,04	689 009	2,75	629 974	407 364	1,83	200 051	0,90	30 159
8 476 841	41,45	6 560 626	77	1 916 215	23	419 505	356 334	1,57	619 336	2,73	876 043	395 837	1,93	256 092	1,25	43 537
8 254 564	44,19	7 119 438	86	1 135 126	14	311 210	280 478	1,39	526 618	2,61	693 151	337 997	1,81	216 737	1,16	28 069
4 633 869	43,36	3 635 609	78	998 260	22	372 842	176 971	1,49	315 882	2,66	441 248	163 236	1,53	151 969	1,42	21 588
1 704 417	26,97	1 165 607	68	538 810	32	85 836	93 261	1,33	195 358	2,79	176 395	98 379	1,56	62 857	0,99	9 601
817 943	32,48	536 422	66	281 521	34	58 469	50 398	1,80	112 706	4,00	164 996	69 884	2,80	45 724	1,80	8 627
2 674 397	34,07	2 036 142	76	638 255	24	131 775	105 339	1,22	259 141	3,00	364 279	136 752	1,74	59 456	0,76	12 142
3 567 280	34,16	2 815 324	79	751 956	21	179 976	149 509	1,32	315 881	2,79	270 099	220 647	2,11	54 727	0,52	12 396
3 898 871	68,03	3 202 084	82	696 787	18	178 245	115 306	1,85	261 452	4,20	460 774	104 778	1,83	153 097	2,67	24 002
1 137 118	55,26	995 903	88	141 215	12	39 824	30 405	1,39	102 340	4,66	127 383	38 710	1,89	49 812	2,42	8 006
4 783 195	65,60	4 335 403	91	447 792	9	114 182	108 925	1,41	295 198	3,82	790 372	114 384	1,57	86 919	1,19	21 551
10 904 490	173,49	10 315 347	95	589 143	5	225 122	148 120	2,15	280 304	4,07	873 444	95 596	1,52	102 195	1,63	16 300
4 428 390	61,57	3 640 358	82	788 032	18	296 348	148 726	1,89	309 609	3,93	408 886	205 724	2,86	113 811	1,58	13 878
2 682 836	74,33	2 002 497	75	680 339	25	24 120	88 135	2,38	184 632	4,98	343 072	38 889	1,08	126 583	3,51	11 914
1 375 453	36,72	774 557	56	600 896	44	94 839	97 904	2,20	166 655	3,74	274 131	74 266	1,98	39 728	1,06	13 238
1 182 243	42,51	861 482	73	320 761	27	43 975	105 034	3,39	152 336	4,92	183 534	51 114	1,84	55 681	2,00	10 827
6 123 027	60,65	4 772 548	78	1 350 479	22	207 164	261 478	2,48	474 267	4,49	1 058 246	131 321	1,30	348 058	3,45	31 373
2 383 688	30,18	1 848 959	78	534 729	22	103 984	141 690	1,62	277 760	3,19	371 548	116 873	1,48	99 557	1,26	15 573
554 518	32,05	451 551	81	102 967	19	17 950	42 625	2,00	79 311	3,73	79 774	30 551	1,77	15 651	0,90	3 521
338 041	22,79	282 466	84	55 575	16	33 079	29 318	1,80	59 706	3,67	48 833	30 125	2,03	8 934	0,60	3 461
1 892 762	54,51	1 390 582	73	502 180	27	36 255	83 213	2,30	186 605	5,15	278 887	65 556	1,88	85 097	2,45	10 771
898 774	41,04	681 972	76	216 802	24	18 110	67 897	3,00	105 437	4,70	116 760	35 220	1,60	75 869	2,80	6 532
5 502 269	27,33	2 942 755	53	2 559 514	47	225 695	528 944	2,54	1 043 143	5,02	922 394	328 755	1,54	406 441	2,02	48 008
1 908 471	37,07	749 371	39	1 159 100	61	110 394	361 556	7,00	281 483	5,00	378 827	68 471	1,00	104 007	2,00	15 988
1 109 636	38,12	667 486	60	442 150	40	18 556	99 128	3,31	196 217	6,55	191 186	64 057	2,20	66 918	2,30	10 449
904 219	53,15	765 629	85	138 590	15	221 165	42 579	2,22	104 735	5,57	108 999	59 700	3,48	19 143	1,12	5 330
507 193	37,62	424 905	84	82 288	16	63 755	41 652	2,90	69 727	4,90	85 258	42 932	3,20	19 701	1,50	2 939
2 597 838	41,16	1 528 678	59	1 069 160	41	159 444	114 925	1,76	324 972	4,98	423 026	131 205	2,08	188 613	2,99	21 815
1 219 555	38,13	1 071 161	88	148 394	12	14 134	55 249	1,68	123 365	3,74	157 382	101 949	3,19	74 209	2,32	4 842
110 383 666	43,22	86 082 368	78	24 301 298	22	5 437 278	4 769 593	1,67	9 673 043	3,40	13 299 467	4 757 955	1,86	4 042 291	1,58	570 190

E

Tabelle

Nachweisung der Reinerträge der

Lfd. Nr.	Regierungs-Bezirk	Gesamt-fläche	Gesamt-Einnahme einschl. des Taxverlustes durch Freiholz-Abgaben		Gesamt-Ausgaben ausschl. der Ausgaben in Spalte 16		Mithin Reinertrag (Spalte 4—6)	
			im ganzen	für 1 ha	im ganzen	für 1 ha	im ganzen	für 1 ha
		ha	Mark	Mark | Pf.	Mark	Mark | Pf.	Mark	Mark | Pf.
1.	2.	3.	4.	5.	6.	7.	8.	9.
1	Königsberg	250 660	7 773 791	31 | 01	3 359 594	13 | 39	4 414 197	17 | 59
2	Gumbinnen	243 664	6 454 001	26 | 49	3 119 700	12 | 80	3 334 301	13 | 69
3	Danzig	124 571	2 903 280	23 | 31	2 387 023	19 | 16	516 257	4 | 14
4	Marienwerder	250 104	8 545 377	34 | 17	4 085 227	16 | 34	4 460 150	17 | 83
5	Potsdam	226 796	8 997 439	39 | 67	3 347 409	14 | 75	5 651 957	24 | 92
6	Frankfurt a. O.	201 945	8 600 012	42 | 59	2 568 282	12 | 72	6 031 730	29 | 87
7	Stettin	118 919	5 043 569	42 | 41	1 663 231	13 | 99	3 380 338	28 | 43
8	Köslin	69 954	1 800 686	25 | 74	790 427	10 | 63	1 010 259	14 | 44
9	Stralsund	28 182	887 231	31 | 48	584 070	20 | 72	303 161	10 | 76
10	Posen	86 468	2 818 075	32 | 59	1 328 562	15 | 36	1 489 513	17 | 23
11	Bromberg	113 084	3 759 794	33 | 25	1 474 238	13 | 04	2 285 556	20 | 21
12	Breslau	62 174	4 099 984	65 | 94	1 372 605	22 | 08	2 727 379	43 | 87
13	Liegnitz	21 939	1 184 974	54 | 01	453 471	20 | 67	731 503	33 | 34
14	Oppeln	77 233	4 933 522	63 | 86	1 716 331	22 | 22	3 217 191	41 | 66
15	Magdeburg	68 880	11 176 823	162 | 26	1 745 245	25 | 34	9 431 578	136 | 93
16	Merseburg	78 843	4 752 618	60 | 28	1 479 734	18 | 77	3 272 884	41 | 51
17	Erfurt	37 080	2 716 385	73 | 26	926 770	24 | 99	1 789 615	48 | 26
18	Schleswig	44 552	1 485 693	33 | 35	868 250	19 | 49	617 443	13 | 86
19	Hannover	30 951	1 398 164	45 | 17	945 455	30 | 55	452 709	14 | 63
20	Hildesheim	105 634	6 397 590	60 | 56	2 869 932	27 | 17	3 527 658	33 | 40
21	Lüneburg	87 207	2 512 284	28 | 81	1 328 245	15 | 23	1 184 039	13 | 58
22	Stade	21 282	577 385	27 | 13	310 282	14 | 58	267 103	12 | 55
23	Osnabrück (mit Aurich)	16 275	372 912	22 | 91	225 638	13 | 86	147 274	9 | 05
24	Minden (mit Münster)	36 240	1 940 406	53 | 54	887 993	24 | 50	1 052 413	29 | 04
25	Arnsberg	22 704	934 808	41 | 17	532 859	23 | 47	401 949	17 | 70
26	Caffel	207 881	5 883 252	28 | 30	3 805 973	18 | 31	2 077 279	9 | 99
27	Wiesbaden	53 153	2 134 290	40 | 15	1 531 158	28 | 81	603 132	11 | 35
28	Coblenz	29 976	1 168 967	39 | .	773 392	25 | 80	395 575	13 | 20
29	Düsseldorf	19 139	1 139 086	59 | 52	476 689	24 | 91	662 397	34 | 61
30	Cöln	14 273	604 009	42 | 32	327 568	22 | 95	276 441	19 | 37
31	Trier	65 195	2 779 208	42 | 63	1 611 792	24 | 72	1 167 416	17 | 91
32	Aachen	32 972	1 246 610	37 | 81	700 358	21 | 24	546 252	16 | 56
	Zusammen[1])	2 847 930	117 022 225	41 | 09	49 597 503	17 | 41	67 426 664[9]	23 | 68

[1]) Ausschl. Sigmaringen, Ministerial-Bau-Kommission und Generalstaatskasse.

46 d.

Staatsforsten für das Etatsjahr 1904.

Von der Einnahme entfallen auf		Von der Ausgabe in Spalte 6 entfallen auf				Außerdem haben die Ausgaben bei Kapitel 3 (wissenschaftliche Lehrzwecke) Kap. 4 Tit. 2 u. „ 11 „ 6 (für Ankäufe) zusammen betragen	Regierungs-Bezirk
die Erträge aus der Jagd	Beiträge von Dritten zur Besoldung der Beamten	Kosten für Werbung und Transport von Holz u. anderen Forstprodukten und Betriebskosten für Torfgrabereien	Kulturkosten und zwar auf Kap. 1—7 und 9—11 des Kulturplanes	Jagdverwaltungskosten und Wildschaden-Ersatzgelder	Kosten für alle übrigen Zwecke (Spalte 6 — [12 + 13 + 14])		
Mark	Mark	Mark	Mark	Mark	Mark	Mark	
10.	11.	12.	13.	14.	15.	16.	17.
18 530	.	804 044	546 917	605	2 008 028	460 919	Königsberg.
18 358	.	931 719	426 797	7 964	1 753 220	615 552	Gumbinnen.
7 520	.	287 815	219 688	142	1 879 378	470 707	Danzig.
12 982	.	629 974	449 997	513	3 004 743	72 092	Marienwerder.
58 533	.	876 043	434 265	10 647	2 026 454	323 512	Potsdam.
20 033	.	695 764	365 528	4 277	1 502 713	1 118 698	Frankfurt a. O.
20 192	.	459 285	178 633	412	1 024 901	.	Stettin.
7 957	.	176 441	108 041	208	505 737	1 468 669	Köslin.
9 482	.	164 996	77 338	1 454	340 282	.	Stralsund.
8 285	800	364 279	161 667	3 245	799 371	8 622	Posen.
6 477	.	270 099	254 298	974	948 867	397 677	Bromberg.
13 041	.	461 074	119 671	1 971	789 889	2 639	Breslau.
2 830	.	127 404	40 985	175	284 907	9 263	Liegnitz.
11 186	.	790 372	141 985	1 277	782 697	7 646	Oppeln.
25 219	.	873 444	98 576	6 299	766 926	.	Magdeburg.
15 572	.	422 034	230 868	508	826 324	.	Merseburg.
7 998	.	343 072	38 973	4 186	540 539	32 479	Erfurt.
13 225	.	275 811	74 720	- 1	517 718	4 959	Schleswig.
7 858	4 803	183 988	51 114	575	709 778	.	Hannover.
32 448	16 867	1 058 246	138 420	13 728	1 659 538	93 275	Hildesheim.
11 559	.	372 318	135 170	997	819 760	6 586	Lüneburg.
3 137	.	80 089	32 879	.	197 314	.	Stade.
1 096	.	49 125	30 144	.	146 369	.	Osnabrück (mit Aurich).
7 001	1 320	278 887	66 882	1 854	540 370	177	Minden (mit Münster).
4 422	4 505	116 760	41 160	57	374 882	47 792	Arnsberg.
40 539	52 942	922 459	345 528	6 071	2 531 915	5 286	Cassel.
22 774	90 703	378 827	79 496	942	1 071 893	12 125	Wiesbaden.
8 836	27 767	191 186	67 483	327	514 396	34 780	Coblenz.
12 827 [1])	.	111 034 [2])	60 644	168	304 843	2 400	Düsseldorf.
18 467	1 883	85 258	47 232	316	194 762	51 518	Cöln.
15 909	993	423 026	133 005	3 328	1 052 433	27 251	Trier.
6 903	.	157 382	103 619	709	438 648	39 036	Aachen.
471 196	202 583	13 362 255	5 301 723	73 930	30 859 595	5 313 660	Zusammen

[1]) Einschl. 2035 M. für Tiergarten.   [2]) Einschl. 21 M. für Tiergarten.

Tabelle 47.
Vergleichung der Einnahmen und Ausgaben für Torfgräbereien der Staatsforstverwaltung während der Jahre 1901—1904.

Jahr	Einnahme Mark	Ausgabe (Betriebskosten ausschl. Besoldungen) Mark	Überschuß Mark	Jahr	Einnahme Mark	Ausgabe (Betriebskosten ausschl. Besoldungen) Mark	Überschuß Mark
1901	292 498	72 854	219 644	1903	198 562	65 461	133 101
1902	233 994	71 575	162 419	1904	186 634	60 753	125 881

Tabelle 49.
Übersicht über die auf 1 ha der nutzbaren Fläche entfallenden dauernden Ausgabe-Beträge in Mark.

Laufende Nummer	Etats- jahr	Verwaltungskosten				Betriebskosten					Ausgaben zu forst- wissen- schaftlichen und Lehr- zwecken	Zu- sammen (Spalten 6, 11, 12)
		Unter- haltung der Forst- beamten: Besoldung, Dienstauf- wand, Wohnung	Unter- stützung der Beamten und ihrer Hinter- bliebenen	Kosten der Geld- erhebung und Aus- zahlung	Zu- sammen (Spalten 3—5)	Kosten für Werbung und Transport von Holz und anderen Forst- produkten	Kulturen und Betriebs- ein- richtungen	Steuern, Abgaben, Renten	Sonstige Aus- gaben	Zu- sammen (Spalten 7—10)		
1.	2.	3.	4.	5.	6.	7.	8.	9.	10.	11.	12.	13.
1	1900	6,41	0,15	0,30	6,86	3,72	2,83	0,79	2,07	9,41	0,08	16,35
2	1901	6,80	0,14	0,30	7,24	4,18	2,93	0,82	2,50	10,43	0,08	17,75
3	1902	6,54	0,14	0,30	6,98	4,54	2,44	0,82	3,05	10,85	0,08	17,91
4	1903	6,68	0,15	0,31	7,14	5,06	2,61	0,84	3,56	12,07	0,10	19,31
5	1904	6,72	0,14	0,31	7,17	4,87	2,72	0,89	2,75	11,23	0,09	18,49

Tabelle 52a.
Nachweisung der während des Jahres 1905 vorgekommenen erheblicheren Brände in den Staatswaldungen und der hierdurch vernichteten Holzbestände.

Laufende Nummer	Provinz	Zahl der Brände	Es ist vernichtet				Bemerkungen
			der Bestand ganz oder zum größten Teil ha	der Bestand nur zum kleinen Teil ha	nur die Bodendecke ha	Gesamtfläche ha	
1	Ostpreußen	.	.	.	.	.	
2	Westpreußen	.	.	.	.	.	
3	Brandenburg	2	26,9	3,5	.	30,4	
4	Pommern	2	232,6	.	5,0	237,6	
5	Posen	.	.	.	.	.	
6	Schlesien	1	5,0	.	.	5,0	
7	Sachsen	.	.	.	.	.	
8	Schleswig	1	.	.	300,0	300,0 [1]	[1] Heidebrand
9	Hannover	7	406,6	3,0	294,3	703,9	
10	Westfalen mit Schaumburg . .	.	.	.	.	.	
11	Hessen-Nassau ohne Schaumburg	1	1,2	.	.	1,2	
12	Rheinprovinz	1	253,7	.	17,6	271,3	
	Zusammen	15	926,0	6,5	616,9	1 549,4	

Tabelle 54b.

Vergleichung des Flächeninhalts sowie des Holzeinschlags, der Einnahme, der Ausgabe und des Reinertrages in den Jahren 1900—1904 mit den Ergebnissen des Jahres 1868, letztere gleich 100 gerechnet.

Etatsjahr	Nutzbare Fläche	Gesamtfläche	Holzeinschlag		Roh-Ertrag			Dauernde Ausgabe							Zu forstwissenschaftlichen Lehrzwecken	Betrag der Ausgaben	Rein-Ertrag
			Derbholz	Stock- und Reisigholz	Für Holz	Sonstige Einnahmen	Zusammen	Persönliche Kosten	sächliche Kosten								
									Werbungs- usw. Kosten	Kultur- usw. Kosten	Steuern und Renten	Sonstige Ausgaben	Zusammen			
1.	2.	3.	4.	5.	6.	7.	8.	9.	10.	11.	12.	13.	14.	15.	16.	17.
1900	108,5	107,8	159	102	235	131	224	203	168	300	220	165	197	291	204	242
1901	108,7	108,1	172	110	235	145	225	228	189	312	228	200	219	285	223	227
1902	109,0	108,3	180	112	218	141	209	220	206	261	229	215	221	294	221	198
1903	109,5	108,8	219	104	271	133	256	226	231	279	237	286	255	342	244	267
1904	110,0	109,3	203	103	286	141	270	228	223	292	237	222	239	331	235	305

Tabelle 56 b u. c.

Nachweisung über die Zahl der Studierenden auf den Forst-Akademien Eberswalde und Münden für die Zeit vom Sommerhalbjahr 1905 bis zum Winterhalbjahr 1905/06.

Halbjahr	Studierende, die den Vorbedingungen für den Eintritt in die Preußische Forstverwaltungs-Laufbahn Genüge geleistet hatten						Studierende, die den Vorbedingungen für den Eintritt in die Preußische Forstverwaltungs-Laufbahn nicht Genüge geleistet hatten und Hospitanten				Zusammen Studierende
	Zivil-Forst-Beflissene	Mitglieder		Zusammen	Davon waren		Preußen	Angehörige anderer deutscher Staaten	Ausländer	Zusammen	
		des reitenden Feldjäger-Korps	der Jäger-Bataillone		Preußen	Angehörige anderer deutscher Staaten					
1.	2.	3.	4.	5.	6.	7.	8.	9.	10.	11.	12.

a. Eberswalde.

| Sommer 1905 | 13 | 7 | 1 | 21 | 21 | . | 20 | 8 | 26 | 54 | 75 |
| Winter 1905/6 | 7 | 6 | 1 | 14 | 14 | . | 20 | 3 | 23 | 46 | 60 |

b. Münden.

| Sommer 1905 | 36 | 7 | . | 43 | 42 | 1 | 12 | 12 | 11 | 35 | 78 |
| Winter 1905/6 | 37 | 6 | . | 43 | 41 | 2 | 15 | 7 | 12 | 34 | 77 |

Tabelle 58. Übersicht über die verausgabten Kultur- und

Laufende Nummer	Regierungsbezirk	Zur Holzzucht bestimmte Fläche	Kapitel I für Nachbesserungen				Kapitel II für neue Kulturen				Kapitel III für Anlegung und Unterhaltung von Saat- und Pflanz-Kämpen			
					Verausgabte									
		ha	ha	dec	Mark	Pf.	ha	dec	Mark	Pf.	ha	dec	Mark	Pf.
1.	2.	3.	4.		5.		6.		7.		8.		9.	
1	Königsberg	192 214	1 024	517	82 955 / 8	65 / 80	1 483	137	153 172	84	159	711	94 946 / 3	31 / 60
2	Gumbinnen	194 313	940	789	52 233	97	1 308	186	73 530	47	53	994	36 613 / 25	81 / 50
3	Danzig	112 140	497	362	32 121 / 104	46 / 40	1 452	778	78 624 / 123	38 / 30	44	334	31 222 / 276	81 / 60
4	Marienwerder	223 015	1 383	100	91 230 / 129	45 / .	2 359	125	142 738 / 31	77 / 40	91	820	66 519 / 230	57 / 20
5	Potsdam	204 482	1 172	480	77 865	15	1 298	602	83 305 / 17	68 / 05	76	276	49 369 / 7	37 / 10
6	Frankfurt a. O.	¹) 186 809	784	590	59 177	05	2 365	498	131 803	24	91	734	38 755	17
7	Stettin	²) 106 881	340	672	26 246	70	699	790	46 100 / 9	82 / .	21	762	19 827	34 / 60
8	Köslin	³) 63 188	270	768	17 027	85	732	569	38 059	56	15	035	12 029	06
9	Stralsund	25 182	205	089	18 663	83	113	426	13 633	78	8	227	12 657	27
10	Posen	78 491	461	877	31 823 / 8	18 / 70	624	335	33 087 / 2	95 / 40	40	082	18 370 / 19	33 / 60
11	Bromberg	104 439	635	952	38 883 / 2	61 / .	1 462	802	77 467 / 10	50 / 70	58	896	31 829 / 9	75 / 80
12	Breslau	57 309	213	628	16 558	42	442	726	34 488	82	23	887	15 879	59
13	Liegnitz	20 577	103	067	5 044	25	215	928	17 769	23	14	965	8 678	27
14	Oppeln	72 918	242	302	13 512	35	484	019	32 875	15	16	252	9 036	59
15	Magdeburg	62 854	175	013	17 966	79	265	936	21 370	75	14	909	15 321	39
16	Merseburg	71 917	300	099	19 508	44	560	609	42 336	74	19	195	16 855 / 1	96 / 80
17	Erfurt	36 096	119	510	6 819	68	171	419	12 850	59	9	901	9 183	34
18	Schleswig	37 452	230	808	17 053	15	303	302	19 644	59	7	886	16 594	25
19	Hannover	27 810	93	741	8 582	27	236	345	13 003	26	7	674	9 969	41
20	Hildesheim	100 950	456	162	29 340	41	406	700	31 027	54	27	151	39 941	07
21	Lüneburg	78 970	398	646	19 612	25	500	729	40 672	67	24	480	24 994	09
22	Stade	17 301	99	294	6 660	41	132	096	9 304	81	2	920	2 574	57
23	Osnabrück (mit Aurich)	14 832	61	179	5 448	19	116	238	11 882	57	3	065	3 338	53
24	Minden (mit Münster)	34 723	214	447	13 675	06	148	888	16 773	69	11	554	13 827	45
25	Arnsberg	21 898	141	241	5 724	10	126	283	9 880	39	4	267	9 841	95
26	Cassel	201 320	1 064	480	70 562	91	1 219	098	92 328 / 5	40	44	174	69 044 / 10	70 / 50
27	Wiesbaden	51 480	322	204	13 854	06	220	806	15 825	75	16	217	17 579	81
28	Coblenz	29 111	137	657	10 696	08	256	235	21 362	99	17	968	22 271	94
29	Düsseldorf	⁴) 17 012	79	721	7 690	27	188	950	18 670	72	10	759	11 091	21
30	Cöln	13 481	109	705	11 609	48	112	548	10 022	47	3	931	9 776	91
31	Trier	63 108	415	582	27 024	05	497	449	36 343	13	17	493	29 254 / 2	22 / .
32	Aachen	31 986	290	117	14 773	48	381	410	34 301	39	13	866	25 011 / 27	61 / 75
		2 554 259	12 985	799	869 945 / 252	00 / 90	20 887	962	1 414 260 / 199	64 / 25	974	385	792 207 / 615	65 / 05

¹) Einschl. Steinbusch. — ²) Einschl. Webelsdorf. — ³) Ausschl. Webelsdorf. — ⁴) Einschl. Tiergarten.
Bemerkung: Die schrägen Zahlen geben den Wert der verwendeten Forststrafarbeit an.

Kommunikationswegebaugelder für das Etatsjahr 1904.

Kulturgelder

Kapitel IV		Kapitel V		Kapitel VI				Kapitel VII		Kapitel XI		Zusammen Kapitel I–VII und XI				Laufende Nummer
für Anschaffung von Samen und Ankauf von Pflanzen		für Bewährungen und Verhegungen		für Unterhaltung alter		für Herstellung neuer		Für Anschaffung und Unterhaltung der Kulturgeräte		Insgemein		Gesamt-Ausgabe		durchschnittl. für 1 ha Holzboden einschl. Darrkosten		
				Abzugsgräben und sonstiger Entwässerungs-Anlagen												
Mark	Pf.	Mark	Pf.	Mark	Pf.	Mark	Pf.	Mark	Pf.	Mark	Pf.	Mark	Pf.	Mark	Pf.	
10.		11.		12.		13.		14.		15.		16.		17.		
34 807	04	24 433	03	6 829	63	2 814	54	4 147	33	83 354	37	487 460	74	2	54	1
										8	80	21	20			
60 696	84	15 689	42	22 533	63	7 180	49	3 920	12	32 932	72	305 331	47	1	29	2
				2	80					37	30	65	60			
25 519	66	4 296	12	4 414	01	1 161	78	3 843	88	23 686	40	204 890	50	1	83	3
		24	.	32	60	55	.			364	10	980	.			
41 730	40	9 266	75	5 584	83	1 126	51	8 985	73	40 181	15	407 364	16	1	69	4
		102	10	42	.					41	.	575	70			
67 778	.	70 051	86	4 080	37	602	28	6 270	52	36 513	11	395 836	34	1	66	5
										1	.	25	15			
36 221	35	18 756	65	2 982	64	527	96	15 565	74	34 207	23	337 997	03	1	66	6
23 117	32	3 972	75	3 135	94	246	43	3 053	56	37 535	34	163 236	20	1	53	7
										3	.	12	60			
10 005	50	5 701	82	2 168	67	786	27	2 673	35	9 927	04	98 379	12	1	56	8
										15		15	.			
6 914	73	3 479	24	4 232	79	1 153	88	1 212	22	7 936	15	69 883	89	2	78	9
26 556	59	4 181	84	1 067	08	505	79	4 437	95	16 721	70	136 752	41	1	53	10
14	90									26	20	71	80			
28 617	88	6 230	64	1 660	86	456	96	6 448	22	29 051	59	220 647	01	1	92	11
										46	30	68	80			
15 534	76	4 080	24	6 007	08	1 156	21	1 275	06	9 797	57	104 777	75	1	83	12
902	99	884	41	785	31	1 029	76	491	55	3 123	74	38 709	51	1	88	13
17 286	32	3 672	54	5 107	23	6 688	32	5 128	79	21 076	95	114 384	24	1	42	14
13 542	27	16 399	11	1 504	11	270	60	424	02	8 797	05	95 596	09	1	52	15
94 334	29	11 551	77	2 802	42	963	43	1 065	67	16 305	25	205 723	97	1	64	16
												1	80			
2 228	63	3 038	99	237	55	118	64	1 008	43	3 402	99	38 888	84	1	08	17
				4	80							4	80			
8 731	90	3 094	93	1 995	25	317	31	1 132	19	5 702	84	74 266	41	1	98	18
3 248	11	7 005	90	1 967	49	211	10	1 174	51	5 952	26	51 114	31	1	84	19
6 913	26	5 995	63	1 923	01	1 698	62	2 358	65	12 122	46	131 320	65	1	30	20
5 214	59	6 902	85	7 163	83	825	04	1 504	59	9 983	33	116 873	24	1	49	21
1 739	50	737	01	3 013	38	1 999	11	481	63	4 040	96	30 551	38	1	77	22
785	91	264	53	1 602	52	204	60	81	21	6 517	36	30 125	42	2	03	23
2 611	12	3 080	29	2 594	36	2 406	48	335	13	10 252	13	65 555	71	1	89	24
2 352	25	893	42	379	93	500	47	536	25	5 111	12	35 219	88	1	61	25
33 758	18	16 470	.	1 144	36	3 617	96	3 288	89	38 540	26	328 755	66	1	54	26
											30	16	20			
7 221	52	2 581	65	236	44	276	51	338	81	10 556	32	68 470	87	1	33	27
3 824	95	1 233	85	141	42	398	14	309	65	3 817	51	64 056	53	2	20	28
2 255	81	6 442	42	2 537	82	565	56	175	45	10 270	60	¹)59 699	86	3	51	29
5 981	16	2 755	40	248	91	162	20	339	75	2 035	28	42 931	56	3	18	30
										3	.	5	.			
12 210	08	3 847	50	1 153	72	1 263	69	4 859	03	15 249	83	131 205	25	2	08	31
2	.											29	75			
7 326	56	7 548	83	546	39	2 234	12	417	03	9 789	22	101 948	63	3	19	32
										3	60	3	60			
609 969	47	274 541	39	101 782	98	43 470	76	87 284	91	564 491	83	¹)4 757 954	63	²)1	86	
16	90	126	10	82	20	55	.			549	60	1 897	00			

¹) Einschl. 529,30 M. vom Tiergarten.
²) Einschl. Darrkosten.

39

Zu Tabelle

Laufende Nummer	Regierungsbezirk	Verausgabte Kulturgelder							Größe der nutzbaren Fläche (Holzboden und nutzbarer Nichtholzboden)	Kapitel VIII			
		Kapitel IX für Fischereizwecke		Kapitel X für Verbesserung von Forstgrundstücken		Zusammen Kapitel IX und X			für Unterhaltung alter Holzabfuhrwege und Waldbahnen		für Herstellung neuer Holzabfuhrwege und Waldbahnen	
		Mark	Pf.	Mark	Pf.	Mark	Pf.	ha	Mark	Pf.	Mark	Pf.
		18.		19.		20.		21.	22.		23.	
1	Königsberg	41	.	59 415	10	59 456	10	213 616	61 979 *324*	85 *90*	45 291	33
2	Gumbinnen	520	30	120 945	43	121 465	73	227 966	102 864 *536*	58 *40*	32 252 *1*	64 *50*
3	Danzig	112	10	14 685 *12*	05 *50*	14 797 *12*	15 *50*	118 705	18 819 *592*	02 *50*	47 927	13
4	Marienwerder	52	18	42 580	54	42 632	72	236 094	34 800 *343*	14 *10*	34 395 *69*	87 *10*
5	Potsdam	13	42	38 415	05	38 428	47	215 093	54 842 *34*	05 *65*	30 397	17
6	Frankfurt a. O.	539	24	26 992	33	27 531	57	¹) 194 876	33 075 *84*	21 *60*	21 941 *11*	15 *50*
7	Stettin	.	.	15 396	89	15 396	89	²) 116 482	26 527 *120*	33 *40*	14 718	76
8	Köslin	.	.	9 662	13	9 662	13	³) 67 848	13 319	18	17 638	73
9	Stralsund	.	.	7 454	58	7 454	58	27 188	20 036 *5*	07 *75*	6 634	20
10	Posen	599	93	24 314	79	24 914	72	83 776	15 696 *266*	97 *60*	15 771	85
11	Bromberg	.	.	33 651 *.*	18 *90*	33 651 *.*	18 *90*	109 555	12 619 *371*	06 *45*	3 254	30
12	Breslau	.	.	14 893	09	14 893	09	61 373	55 850 *81*	24 *50*	39 046	.
13	Liegnitz	12	45	2 262	82	2 275	27	21 437	10 847	.	9 480	27
14	Oppeln	189	58	27 411	46	27 601	04	76 526	47 866 *460*	05 *30*	9 641	90
15	Magdeburg	.	.	2 979	76	2 979	76	67 346	41 422	04	6 691	41
16	Merseburg	66	15	25 077	79	25 143	94	77 603	46 583	53	15 268	93
17	Erfurt	.	.	83	81	83	81	36 797	47 366 *69*	07 *60*	43 693	64
18	Schleswig	.	.	454	.	454	.	43 641	21 908	54	3 073	31
19	Hannover	.	.	.	.	.	.	30 298	29 249	51	16 273	70
20	Hildesheim	1 993	33	5 106	40	7 099	73	104 034	153 688	02	84 352	43
21	Lüneburg	1 665	58	16 631	38	18 296	96	84 992	36 231	06	19 887	70
22	Stade	125	88	2 201	86	2 327	74	20 846	12 663	34	733	07
23	Osnabrück (mit Aurich)	19	.	.	.	19	.	15 805	4 380	70	2 789	76
24	Minden (mit Münster)	.	.	1 326	02	1 326	02	35 705	30 640	66	35 009	91
25	Arnsberg	119	65	5 820	68	5 940	33	22 554	16 573	79	19 132	79
26	Cassel	213	56	16 559	13	16 772	69	206 778	157 579 *31*	92 *50*	140 221	97
27	Wiesbaden	.	.	11 024	94	11 024	94	52 825	59 987 *21*	40 *40*	21 932	57
28	Coblenz	.	.	3 426	31	3 426	31	29 784	22 107 *1*	29 *30*	19 759	73
29	Düsseldorf	4	70	939	40	944	10	18 757	6 685	82	.	.
30	Cöln	700	.	3 600	21	4 300	21	14 157	5 812	95	1 216 *3*	85 *.*
31	Trier	223	79	1 576	40	1 800	19	64 739	39 904 *344*	79 *15*	58 378	27
32	Aachen	.	.	1 670	24	1 670	24	32 481	15 905 *8*	40 *40*	15 280	98
	Zusammen	7 211	84	536 558 *13*	77 *40*	543 770 *13*	61 *40*	2 729 677	1 257 833 *3 698*	58 *50*	832 088 *85*	32 *10*

¹) Einschl. Steinbusch. — ²) Einschl. Wedelsdorf. — ³) Ausschl. Wedelsdorf.

58.

Verausgabte Kommunikationswegebaugelder					Für Holzabfuhr- und Kommunikationswege sind verausgabt		Durchschnittliches Tagelohn		Beihilfen zu Chausseen usw. außerhalb der Forsten (Kap. 2 Tit. 19)		Laufende Nummer
für Unterhaltung alter Wege	für Herstellung neuer Wege	für Brücken	Beihilfen an Gemeinden usw. und Insgemein	Zusammen (Spalte 24—27)	im ganzen	durchschnittlich für 1 ha nutzbarer Fläche	für Männer	für Frauen			
Mark | Pf.	Mark | Pf.	Mark | Pf.	Mark | Pf.	Mark | Pf.	Mark | Pf.	Mark | Pf.	Mark	Mark	Mark | Pf.		
24.	25.	26.	27.	28.	29.	30.	31.	32.	33.		
90 098 | 90	16 221 | 46	8 830 | 13	1 746 | 28	116 896 | 77	224 167 | 95	1 | 05	1,57	0,92	95 650 | .		1
181 | 60				181 | 60	506 | 50						
76 943 | 32	3 702 | 49	20 545 | 73	27 867 | 95	129 059 | 49	264 176 | 71	1 | 16	1,69	0,97	46 042 | 50		2
24 | 40	1 | .			25 | 40	563 | 30						
22 423 | 81	32 467 | 24	970 | 48	490 | 66	56 352 | 19	123 098 | 34	1 | 04	1,55	0,95	. | .		3
309 | 20	41 | .			350 | 20	942 | 70						
44 316 | 45	17 292 | 68	5 721 | 62	31 614 | 73	98 945 | 48	168 141 | 49	. | 71	1,51	0,94	31 910 | .		4
535 | 40	5 | .			540 | 40	952 | 60						
78 383 | 62	20 692 | 95	1 613 | 36	46 863 | 45	147 553 | 38	232 792 | 60	1 | 08	2,10	1,07	23 300 | .		5
48 | .				48 | .	82 | 65						
76 384 | 41	40 022 | 98	5 964 | 07	16 549 | 08	138 920 | 54	193 936 | 90	1 | .	1,71	1,00	22 800 | .		6
27 | 80				27 | 80	123 | 90						
21 218 | 89	38 740 | 23	1 290 | 61	10 416 | 51	71 666 | 24	112 912 | 33	. | 97	1,91	1,05	39 057 | .		7
39 | 50				39 | 50	159 | 90						
8 444 | 25	6 208 | 25	1 502 | 42	2 575 | 95	18 730 | 87	49 688 | 78	. | 73	1,50	0,96	13 167 | 89		8
25 | .				25 | .	25 | .						
10 416 | 18	2 778 | 82	5 257 | 38	397 | 15	18 849 | 53	45 519 | 80	1 | 67	1,82	1,12	204 | 12		9
					5 | 75						
23 227 | 21	1 615 | 04	541 | 26	361 | 54	25 745 | 05	57 213 | 87	. | 68	1,60	0,86	2 242 | 18		10
4 | 80				4 | 80	271 | 40						
23 867 | 69	3 720 | 67	1 393 | 41	5 872 | 28	34 854 | 05	50 727 | 41	. | 46	1,53	0,97	4 000 | .		11
248 | 90				248 | 90	620 | 35						
22 905 | 86	8 994 | 42	4 285 | 59	21 393 | 55	57 579 | 42	152 475 | 66	2 | 48	1,53	0,83	621 | 72		12
8 | 40				8 | 40	89 | 90						
9 088 | 58	784 | 40	589 | 82	19 021 | 85	29 484 | 65	49 811 | 92	2 | 32	1,57	0,90	. | .		13
25 128 | 46	. | .	3 235 | 20	4 | .	28 367 | 66	85 875 | 61	1 | 12	1,51	0,86	1 043 | 73		14
98 | 40				98 | 40	558 | 70						
25 275 | 72	25 714 | 62	387 | 10	25 | .	51 402 | 44	99 515 | 89	1 | 48	2,10	1,05	2 679 | 25		15
32 495 | 78	6 262 | 41	7 320 | 67	828 | 89	46 907 | 75	108 760 | 21	1 | 40	2,02	1,03	5 050 | 82		16
30 278 | 39	1 559 | 19	. | .	603 | 01	32 440 | 59	123 500 | 30	3 | 36	2,14	1,13	3 081 | 59		17
					69 | 60						
10 264 | 48	378 | 69	102 | 65	. | .	10 745 | 82	35 727 | 67	. | 82	2,27	1,46	4 000 | .		18
8 406 | 01	529 | 82	. | .	221 | 75	9 157 | 58	54 680 | 79	1 | 80	2,11	1,26	1 000 | .		19
67 321 | 27	16 245 | 22	187 | 75	17 064 | 20	100 818 | 44	338 858 | 89	3 | 26	2,19	1,23	9 200 | .		20
7 544 | 63	25 634 | 89	519 | 10	5 000 | .	38 698 | 62	94 817 | 38	1 | 12	2,08	1,25	4 739 | .		21
1 988 | 33	. | .	77 | 43	. | .	2 065 | 76	15 462 | 17	. | 74	2,26	1,56	189 | 10		22
862 | 75	878 | 10	23 | 50	. | .	1 764 | 35	8 934 | 81	. | 57	1,98	1,41	. | .		23
17 491 | 19	129 | 48	164 | 56	1 647 | 96	19 433 | 19	85 083 | 76	2 | 38	2,08	1,29	12 | 75		24
24 303 | 10	10 971 | 44	600 | .	. | .	35 874 | 54	71 581 | 12	3 | 18	2,50	1,50	4 287 | 40		25
85 119 | 19	4 830 | 23	. | .	10 101 | 44	100 050 | 86	397 852 | 75	1 | 93	2,03	1,22	8 588 | 03		26
					31 | 50						
2 372 | 55	. | .	. | .	14 568 | 36	16 940 | 91	98 860 | 88	1 | 87	2,42	1,37	5 146 | 10		27
					21 | 40						
23 687 | 44	652 | 75	. | .	. | .	24 340 | 19	66 207 | 21	2 | 22	2,10	1,25	710 | 50		28
					1 | 30						
8 361 | 76	. | .	95 | 19	. | .	8 456 | 95	15 142 | 77	. | 81	2,40	1,30	4 000 | .		29
11 724 | 70	946 | 45	. | .	. | .	12 671 | 15	19 700 | 95	1 | 39	2,62	1,42	. | .		30
					3 | .						
56 937 | 41	23 419 | 77	2 899 | 45	. | .	83 256 | 63	181 539 | 69	2 | 80	2,47	1,24	7 073 | 28		31
20 | .				20 | .	364 | 15						
35 789 | 91	695 | .	530 | 42	8 | .	37 023 | 33	68 209 | 71	2 | 10	2,23	1,40	6 000 | .		32
					8 | 40						
							1,50	0,83			
983 072 | 24	312 089 | 69	74 648 | 90	235 243 | 59	1 605 054 | 42	3 694 976 | 32	1 | 35	2,62	1,56	345 796 | 96		
1 571 | 40	47 | .			1 618 | 40	5 402 | .						

F

Tabelle

Nachweisung über die von der Staatsforstverwaltung beschäftigten Arbeiter, über die

Laufende Nummer	Regierungs-Bezirk	Überhaupt		Von der Staatsforstverwaltung beschäftigte Nachweisung der Arbeitslöhne										Von den Arbeitern sind den Gesetzen vom 15.		
				Für ein Tagewerk sind im Durchschnitt vergütet												
				im Tagelohn								im Stücklohn		zwangs-		
				im Sommer				im Winter				im Sommer	im Winter	bei forstfiskalischen Betriebskrankenkassen		bei Ortskrankenkassen
		Zahl	Ungefähre Gesamtzahl der Arbeitstage	Männer	Frauen	jugendliche Arbeiter	durchschnittl. tägliche Arbeitsdauer	Männer	Frauen	durchschnittl. tägl. Arbeitsdauer	Männer			Zahl	ungefähre Gesamtzahl der Arbeitstage	Zahl
				M. Pf.	M. Pf.	M. Pf.	Stb.	M. Pf.	M. Pf.	Stb.	M. Pf.	M. Pf.				
1.	2.	3.	4.	5.	6.	7.	8.	9.	10.	11.	12.	13.		14.	15.	16.
1	Königsberg	13 927	965 262	1 65	. 95	. 80	10	1 30	. 80	7,5	2 20	1 50		.	.	230
2	Gumbinnen	10 675	791 236	1 68	1 .	. 81	10	1 40	. 82	7,55	2 18	1 71		2 202	193 047	829
3	Danzig	6 452	431 778	1 61	. 98	. 86	10	1 35	. 84	8	2 04	1 61		.	.	.
4	Marienwerder	13 744	839 691	1 54	. 98	. 81	9,99	1 23	. 75	7,48	1 78	1 53		170	14 010	3 665
5	Potsdam	9 935	594 254	2 15	1 10	. 89	9,5	1 87	. 97	8	2 65	2 20		865	70 566	3 327
6	Frankfurt a. O.	10 487	550 066	1 80	1 02	. 69	10	1 47	. 86	8	2 05	1 96		1 711	128 839	1 583
7	Stettin	4 595	274 771	1 96	1 08	. 90	10	1 63	. 94	8	2 61	2 08		.	.	2 817
8	Köslin	3 888	213 965	1 52	. 98	. 90	10	1 28	. 83	7,9	2 01	1 59		.	.	.
9	Stralsund	1 404	113 664	1 88	1 14	1 .	10	1 63	1 05	8,5	2 72	2 39		.	.	1 068
10	Posen	3 898	333 127	1 70	. 86	. 66	10,03	1 36	. 64	7,62	2 24	1 56		.	.	.
11	Bromberg	6 589	397 964	1 60	1 .	. 85	10	1 35	. 90	8	2 10	1 45		.	.	.
12	Breslau	6 095	432 487	1 55	. 84	. 67	10	1 32	. 71	8	2 33	1 61		.	.	823
13	Liegnitz	1 529	98 781	1 60	. 89	. 71	9½	1 52	. 82	8	2 35	1 65		.	.	537
14	Oppeln	6 273	569 287	1 61	. 89	. 68	9,9	1 33	. 71	7,9	2 27	1 73		.	.	2 657
15	Magdeburg	2 888	232 768	2 19	1 10	. 86	10	1 88	. 94	8	2 88	2 61		.	.	1 951
16	Merseburg	4 112	284 811	2 09	1 03	. 99	10	1 87	. 92	8	2 68	2 30		1 877	169 195	1 181
17	Erfurt	1 741	214 847	2 17	1 14	. 90	10	1 95	. 95	9	3 .	2 71		509	117 553	682
18	Schleswig	1 850	143 489	2 36	1 51	1 22	9,83	2 05	1 35	8,13	2 82	2 50		54	7 008	985
19	Hannover	1 489	128 398	2 17	1 40	. 79	10	1 71	. 59	7	1 98	2 14		.	.	354
20	Hildesheim	3 985	550 327	2 23	1 24	1 06	9,8	2 06	1 10	8,6	2 84	2 63		.	.	1 887
21	Lüneburg	3 247	222 674	2 11	1 31	1 08	10	1 89	1 18	8,2	2 68	2 39		.	.	581
22	Stade	724	53 100	2 33	1 60	1 26	10	1 85	1 35	8	2 72	2 09		.	.	37
23	Osnabrück (mit Aurich)	703	40 616	2 02	1 46	1 32	10	1 76	1 30	8	2 26	2 03		.	.	141
24	Minden (mit Münster)	2 646	171 427	2 06	1 30	1 11	9,75	1 94	1 23	8,38	2 77	2 37		.	.	1 261
25	Arnsberg	990	85 850	2 63	1 53	1 44	9,5	2 48	1 37	8,3	3 31	2 89		.	.	282
26	Cassel	16 036	807 572	2 06	1 23	1 07	10	1 66	. 71	8,2	2 42	2 01		314	18 783	10 982
27	Wiesbaden	6 922	221 471	2 42	1 39	1 40	9,9	2 25	1 30	9	3 06	2 42		.	.	523
28	Coblenz	2 893	139 937	2 12	1 29	1 15	10	1 98	1 18	8½	2 73	2 35		.	.	448
29	Düsseldorf	1 077	67 744	2 40	1 50	1 35	9½	2 20	1 30	8½	2 70	2 90		.	.	440
30	Cöln	754	46 355	2 58	1 48	1 22	9,5	2 38	1 45	8,1	3 37	2 93		.	.	230
31	Trier	3 277	323 219	2 43	1 26	1 26	10	2 33	1 09	8,5	3 30	2 70		2 783	271 151	.
32	Aachen	1 947	138 651	2 19	1 39	1 20	10	1 98	1 23	8	2 88	2 49		.	.	.
	Summe	156 772	10 479 589	1,52 / 2,63	0,84 / 1,60	0,66 / 1,44	9,9	1,23 / 2,48	0,64 / 1,45	8,06	1,78 / 3,37	1,45 / 2,93		10 485	990 152	39 501

43

5 9.

Löhne usw., sowie über die Erkrankungen und Betriebsunfälle im Etatsjahre 1904.

Arbeiter gegen Krankheit versichert nach Juni 1883 und 10. April 1892			Erkrankt sind von den Arbeitern der Spalte			An Beiträgen usw. sind vom Fiskus aufgewendet				Betriebsunfälle					Freiwillige Unterstützungen von Waldarbeitern und deren Hinterbliebenen	Außerdem sind aus dem Gnadenpensionsfonds gezahlt
weise oder der Gemeinde-Krankenversicherung	freiwillig		14	16	18	für die Arbeiter		freiwillig	im ganzen	Gesamtzahl der Unfälle	Tötungen bei Betriebsunfällen	Kosten des Heilverfahrens während der ersten 13 Wochen, soweit sie den forstfiskalischen Gutsbezirken zur Last fallen	Sonstige Aufwendungen des Forstfiskus als Betriebsunternehmer	Mithin Gesamtaufwendungen		
ungefähre Gesamtzahl der Arbeitstage	Zahl	ungefähre Gesamtzahl der Arbeitstage				in Spalte 14	in Spalte 16									
						M. Pf.	M. Pf.	M. Pf.	M. Pf.			M. Pf.	M. Pf.	M. Pf.	M. Pf.	M. Pf.
17.	18.	19.	20.	21.	22.	23.	24.	25.	26.	27.	28.	29.	30.	31.	32.	33.
32 423	10	80	.	8	.	. .	419 83	1 74	421 57	123	2	802 91	27 955 97	28 758 88	2 040 .	84 .
77 619	93	2 656	362	69	3	2 170 25	854 49	33 01	3 057 75	121	4	2 885 12	32 492 11	35 377 23	1 240 .	1141 .
.	.	.	.	.	.	. .	. .	. .	. .	56	2	1 919 67	15 184 31	17 103 98	460 .	126 .
191 266	856	90 050	21	179	88	189 40	1 208 46	320 67	1 718 53	34	4	2 063 63	21 249 05	23 312 68	945 .	721 80
215 545	1533	82 919	103	216	95	805 27	6 244 16	506 11	7 555 54	101	7	863 07	31 702 89	32 565 96	1 060 .	642 .
138 225	757	62 693	116	127	78	1 063 53	653 82	832 38	2 549 73	20	1	1 351 34	20 600 48	21 951 82	1 470 .	246 .
200 462	57	3 946	.	.	.	. .	1 266 56	39 23	1 305 79	60	.	178 18	18 157 96	18 336 14	200 .	120 .
.	312	37 395	.	.	53	. .	. .	307 11	307 11	21	.	677 23	6 836 10	7 513 33	327 25	504 .
100 417	.	.	.	90	.	. .	675 42	. .	675 42	24	1	127 20	6 976 31	7 103 51	. .	. .
.	164	10 085	.	.	2	. .	. .	. .	. .	54	2	500 99	9 702 53	10 203 52	895 .	. .
.	92	6 055	.	.	6	. .	. .	47 92	47 92	27	.	730 01	9 131 14	9 861 15	700 .	. .
57 698	207	28 280	.	86	10	. .	638 66	304 69	943 35	111	4	1 319 55	18 761 20	20 080 75	600 .	308 .
51 199	224	20 186	.	64	24	. .	527 35	158 89	686 24	21	.	314 05	6 021 49	6 335 54	120 .	. .
282 985	176	16 331	.	351	16	. .	2 479 96	249 84	2 729 80	40	.	516 69	14 978 77	15 495 46	480 .	380 40
194 480	118	18 000	.	191	9	. .	1 897 21	212 06	2 109 27	60	.	15 70	11 954 38	11 970 08	250 .	. .
92 043	151	12 511	213	110	7	1 473 36	483 09	. .	1 956 45	45	1	. .	10 170 17	10 170 17	800 .	132 .
75 781	.	.	181	106	.	1 358 13	420 69	. .	1 778 82	63	1	8 .	8 532 56	8 540 56	300 .	. .
89 798	.	.	3	31	.	61 20	408 30	. .	469 50	27	.	216 05	10 073 66	10 289 71	200 .	184 .
48 906	152	12 741	.	47	20	. .	326 38	88 65	415 03	24	1	31 70	9 270 43	9 302 13	400 .	. .
226 406	1217	286 138	.	224	310	. .	1 182 12	360 65	1 542 77	175	.	23 50	24 974 05	24 997 55	1 998 .	830 .[1])
52 952	509	51 064	.	51	76	. .	412 37	596 36	1 008 73	68	.	640 73	11 648 52	12 289 25	730 .	72 .
1 407	.	.	.	1	.	. .	26 35	. .	26 35	10	.	135 80	2 867 93	3 003 73	150 .	. .
8 222	42	5 174	.	4	4	. .	55 11	26 02	81 13	15	.	. .	2 865 70	2 865 70	100 .	. .
107 798	137	11 730	.	116	14	. .	711 73	31 54	743 27	36	1	. .	8 588 83	8 588 83	615 .	84 .
22 912	281	22 790	.	25	16	. .	207 52	245 92	453 44	22	.	. .	5 052 03	5 052 03	60 .	. .
568 731	752	46 279	43	284	39	620 08	2 201 32	409 50	3 230 90	256	6	9 637 53	29 484 36	39 121 89	1 400 .	583 .
23 830	950	40 639	.	16	25	. .	88 05	36 15	124 20	70	.	. .	12 827 42	12 827 42	300 .	. .
21 860	43	2 540	.	29	6	. .	104 07	57 68	161 75	31	.	. .	8 287 34	8 287 34	250 .	. .
27 588	150	12 170	.	19	1	. .	358 53	16 29	374 82	20	.	. .	4 275 48	4 275 48	200 .	. .
17 735	164	12 864	.	12	7	. .	122 98	78 06	201 04	5	.	. .	2 070 51	2 070 51	100 .	. .
.	75	4 896	572	.	29	3 548 17	. .	. .	3 548 17	70	2	. .	15 310 16	15 310 16	550 .	. .
.	296	30 664	.	.	27	. .	. .	276 99	276 99	19	.	. .	3 290 20	3 290 20	300 .	. .
2 928 288	9518	930 876	1614	2456	965	11 289 39	23 974 53	5237 46	40 501 38	1829	39	24 958 65	421 294 04	446 252 69	19 240 25	6158 20

[1]) Außerdem sind für die Unterstützungskasse Clausthal 32 437,25 M. aufgewendet.

44

Tabelle
Nachweisung über die aus dem Forstbaufonds zu unterhaltenden

Laufende Nummer	Regierungsbezirk	Etatsmäßige Dienststellen für		Anzahl der Dienstgehöfte oder Dienstwohnungen für							Dienstwohnungen für Forstkassen-Rendanten	Waldarbeiter-Wohnungen			Waldarbeiter-Herbergen
		Oberförster	Revierförster, Hegemeister, Förster, 1 Dünenmeister, 1 Dünenaufseher	Oberförster	Revierförster, Hegemeister, Förster	Waldwärter	Hilfsförster, Forstaufseher	Verwalter	Meister	Wärter		Anzahl der Wohnhäuser	Anzahl der vorhandenen Wohnungen	Anzahl der zugehörigen Wirtschaftsgebäude	
									bei den Nebenbetriebsanstalten						
1.	2.	3.	4.	5.	6.	7.	8.	9.	10.	11.	12.	13.	14.	15.	16.
1	Königsberg	44	¹) 272	42	²) 259	2	23	.	2	.	.	47	99	67	3
2	Gumbinnen	42	227	41	223	4	29	.	2	.	.	45	129	42	.
3	Danzig	23	143	22	141	1	23	.	.	.	.	44	78	33	5
4	Marienwerder	46	272	45	263	6	31	.	1	.	.	99	242	117	1
5	Potsdam	45	242	42	237	2	39	.	.	.	.	32	70	36	.
6	Frankfurt a. O.	40	231	38	223	.	15	.	.	.	.	21	59	28	.
7	Stettin	26	133	26	131	1	20	1	2	1	.	20	44	22	1
8	Köslin	15	91	15	85	1	5	.	.	2	1	40	77	32	.
9	Stralsund	6	50	6	45	.	6	.	.	.	.	20	45	20	1
10	Posen	18	110	18	110	.	27	.	.	.	.	54	108	62	2
11	Bromberg	24	138	21	135	1	15	.	2	2	.	30	64	32	.
12	Breslau	16	107	13	107	.	11	.	.	.	.	8	16	12	6
13	Liegnitz	5	41	5	38	.	2	.	.	.	.	3	6	.	.
14	Oppeln	18	107	15	104	1	29	.	2	.	.	12	22	.	.
15	Magdeburg	19	102	17	101	.	13	.	.	.	.	3	4	.	.
16	Merseburg	22	127	22	123	1	9	.	1	.	2	3	5	4	.
17	Erfurt	14	75	12	71	.	2	.	.	.	.	.	.	.	.
18	Schleswig	15	61	13	59	17	9	.	1	.	.	40	49	26	.
19	Hannover	28	97	³) 16	³) 60	1	5	.	.	.	.	15	16	8	6
20	Hildesheim	42	189	41	175	.	9	.	.	.	.	24	49	28	48
21	Lüneburg	23	106	21	104	4	11	.	.	.	.	50	108	42	7
22	Stade	7	30	7	30	2	.	.	.	.	.	8	15	.	1
23	Osnabrück (mit Aurich)	5	25	5	25	2	.	.	.	.	.	4	5	3	.
24	Minden (mit Münster)	12	74	10	67	1	4	.	.	.	.	.	.	1	1
25	Arnsberg	9	43	8	⁴) 41	.	3	.	.	.	.	.	.	.	.
26	Cassel	88	410	84	386	4	12	.	1	.	1	3	5	2	.
27	Wiesbaden	58	106	55	⁵) 97	4	.	.	.	.	.	.	.	.	1
28	Coblenz	12	79	11	59	.	1	.	.	.	.	.	.	.	.
29	Düsseldorf	5	42	4	⁶) 39	.	1	.	.	.	.	.	.	.	2
30	Cöln	4	25	3	24	.	2	.	.	.	.	1	1	2	1
31	Trier	18	116	17	107	.	6	.	.	.	.	4	4	1	31
32	Aachen	10	51	8	48	.	1	.	.	.	.	1	2	.	6
33	Sigmaringen	4	.	1	.	.	.	.	.	.	.	.	.	.	.
	Zusammen	763	¹) 3 922	704	3 717	55	363	1	14	5	4	631	1 323	619	123

45

6 0.
Gebäude nach dem Stande vom 30. September 1905.

Mühlen		Samendarren	Gasthäuser	Armenhäuser	Anzahl der sonstigen vermieteten oder mit Pachtgrundstücken verbundenen		Feuerwachttürme	Ruinen- und Aussichtstürme	Außerhalb der Forstgehöfte gelegene Gebäude zur Unterbringung von Kulturgeräten, Wildheu usw.	Sonstige Gebäude	Es sind ohne Diensthöfte		Gebäude, zu deren Ausführungen Darlehne oder Bauprämien aus Fonds der landwirtschaftlichen Verwaltung gewährt worden sind.	Bemerkungen.
vom Staate verwaltete	verpachtete				Wohnungen	zugehörigen Wirtschaftsgebäude					Oberförster	Förster usw.		
17.	18.	19.	20.	21.	22.	23.	24.	25.	26.	27.	28.	29.	30.	31.
.	1	5	1	2	9	10	6	.	7	5	2	11	.	¹) einschl. 2 für eine Privatforst angestellte Förster.
.	3	2	3	.	9	.	3	.	1	.	1	4	127	²) ausschl. der Wohnungen für diese beiden Förster.
.	6	2	1	4	18	17	4	1	4	17	1	2	17	
.	4	6	1	4	7	4	15	.	30	4	1	9	37	
.	.	8	3	.	10	8	3	1	11	11	3	5	.	
.	.	3	.	.	2	2	2	.	14	.	2	8	.	
.	3	5	.	1	19	16	.	.	2	6	.	2	.	
.	1	1	1	1	18	21	.	.	2	.	.	6	.	
.	1	.	2	.	1	3	.	.	4	1	.	5	.	
.	.	1	1	2	10	7	11	.	11	2	.	.	1	
.	4	2	1	2	8	6	13	.	13	6	3	3	43	
.	1	3	3	.	.	.	.	3	7	1	3	.	.	
.	.	.	1	.	.	.	7	.	.	7	.	3	.	
.	.	3	.	.	.	.	.	.	3	2	3	3	.	
.	.	4	2	.	.	.	.	2	1	1	2	1	.	
.	.	3	2	.	1	4	.	2	8	9	.	4	.	
.	.	.	1	.	.	.	.	1	2	.	2	4	.	
.	.	.	.	.	3	7	2	.	1	.	2	2	.	
.	.	.	.	.	3	1	.	1	17	1	7	20	.	³) Außerdem: 5 Oberförster-, 17 Förster-, 7 Waldwärter-, 1 Hilfsförster-Gehöft aus Fonds der Klosterkammer.
.	6	.	1	3	.	2	2	.	11	61	4	1	14	
.	.	.	.	.	7	2	4	.	7	12	2	2	.	
.	.	.	.	.	4	.	.	.	1	9	.	.	10	
.	.	1	.	.	1	2	.	.	.	.	.	.	1	
.	.	.	.	.	4	1	.	1	.	7	2	7	.	
.	.	.	.	.	3	3	.	.	.	5	1	1	.	⁴) Außerdem 1 Förstergehöft aus Fonds der Marken-Interessenten.
.	1	1	.	.	1	.	.	13	34	6	4	24	.	
.	.	.	.	.	1	1	.	1	10	1	3	8	.	⁵) 1 Förstergehöft aus Zentral-Studienfonds.
.	.	.	.	.	.	.	.	.	.	1	1	20	.	
.	.	.	.	.	.	.	.	1	.	.	1	2	5	⁶) Außerdem: 1 Verwalter-, 1 Förster-, 1 Vorarbeiterwohnung, sowie 1 Arbeiterbaracke aus Fonds der Tiergartenverwaltung.
.	.	.	.	.	8	7	.	1	2	.	1	1	.	
.	.	.	.	1	.	.	.	5	81	.	1	9	.	
.	.	.	.	.	3	3	4	2	.	.	2	3	.	
.	.	.	.	.	.	.	.	.	.	.	3	.	.	
.	31	51	27	16	152	127	74	46	324	118	54	183	241	

If you have any concerns about our products,
you can contact us on
ProductSafety@springernature.com

In case Publisher is established outside the EU,
the EU authorized representative is:
**Springer Nature Customer Service Center GmbH
Europaplatz 3, 69115 Heidelberg, Germany**

Printed by Libri Plureos GmbH
in Hamburg, Germany